高等职业院校数字媒体 · 艺术设计精品课程系列教材

Visio
Axure
XMind
Modao
Mockplus
MindNode

创新引擎
交互设计实践方法

冯世博 / 主 编

钟巧灵 刘 琼 / 副主编

电子工业出版社·

Publishing House of Electronics Industry

北京 · BEIJING

内容简介

本书主要内容包括交互设计基础概述，需求的研究和获取方法，交互设计工作方法，视觉、听觉平台上的交互设计方法，以及设计质量控制方法。编者利用十几年设计工作中积累的设计实践经验，将从需求获取开始，一直到测试完成并交付的整个设计工作流程和细节以实际案例的方式一一进行细致的讲述。

本书适合作为高等职业院校交互设计 / 计算机技术类相关专业的教材，和高校理论教材形成充分互补；也可供交互设计人员、产品设计人员、项目经理、用户研究工程师、可用性测试工程师、视觉设计师进行阅读和参考。为方便教学，本书附带电子课件等教学资料，请登录华信教育资源网（http://www.hxedu.com.cn）注册后免费下载。

图书在版编目（CIP）数据

创新引擎：交互设计实践方法 / 冯世博主编. —北京：电子工业出版社，2022.6
ISBN 978-7-121-43499-0

I. ①创… II. ①冯… III. ①人-机系统－系统设计－高等学校－教材 IV. ①TP11

中国版本图书馆CIP数据核字（2022）第086588号

责任编辑：左　雅
印　　刷：天津画中画印刷有限公司
装　　订：天津画中画印刷有限公司
出版发行：电子工业出版社
　　　　　北京市海淀区万寿路 173 信箱　　邮编：100036
开　　本：787×1 092　1/16　印张：9.75　字数：249.6 千字
版　　次：2022 年 6 月第 1 版
印　　次：2022 年 6 月第 1 次印刷
定　　价：39.00 元

凡所购买电子工业出版社图书有缺损问题，请向购买书店调换。若书店售缺，请与本社发行部联系，联系及邮购电话：（010）88254888，88258888。

质量投诉请发邮件至 zlts@phei.com.cn，盗版侵权举报请发邮件至 dbqq@phei.com.cn。

本书咨询联系方式：（010）88254580，zuoya@phei.com.cn。

PREFACE

序言

　　编写本书的主要目的是解决设计师在遇到含有复杂、困难、未知因素的项目时，创新能力、实践能力不足的问题。到目前为止，交互设计相关的书籍大部分以理论知识为主，有些是学术论文方向的讲述。之所以编写此书，是因为我希望梳理用户研究、交互设计的基本原理和思维模式，并将它们与交互设计的创新实践联系起来。在这本书中，我利用自己十几年设计工作中积累的设计实践经验，将从需求获取开始，一直到测试完成并交付的整个设计工作流程和细节以实际案例的方式一一进行细致的讲述。

本书适合的读者

　　交互设计是一个跨学科的工作。从事交互设计的设计师和学生，可以从本书中学到产品分析、信息架构、流程设计等工作职能的详细工作方法，各系统平台产品的设计方法和案例，以及设计完成后的测试方法。我更建议交互设计师应当通读本书，掌握书中提到的全部工作方法和技能。

　　团队中的产品经理、项目经理、用户研究工程师、可用性测试工程师、视觉设计师、产品策划，都可以从这本书中找到有价值的知识。产品经理可以在书中了解需求收集的主要方法，包括用户调研、产品分析、干系人调研、专家调研的内容与方法。项目经理可以在书中了解需求管理、设计评审、协同设计等协调和评审方面的知识与方法。用户研究及可用性测试工程师可以在书中了解定性、定量调研，用户邀约，调研执行等方面的知识与方法。视觉设计师可以从书中找到视觉竞品分析的方法，以及交互设计图的使用方法。产品策划人员也可以将本书介绍的调研、分析、设计、测试的方法论，运用到产品策划方向，用来解决实际问题。

本书章节的规划

第一章　交互设计基础概述。讲述了交互设计工作的体系和范畴，以及交互设计师应当具有的能力。

第二章、第三章　需求的获取。讲述了如何获取需求，保证需求的可信、有效程度，以及需求的管理。

第四章、第五章　交互设计工作方法。讲述了交互设计工作中最常用的信息架构及流程设计的工作流程和方法。

第六章、第七章　视觉、听觉平台上的交互设计方法。讲述了移动端、PC Web 端、语音等平台上产品的交互设计方法。

第八章　交互设计质量控制方法。讲述了可用性测试、专家评审、协同设计等交互设计的质量控制工具使用方法。

致谢

在本书的编写过程中，第三章的 2、3 节及第八章 3 节由刘琼编写，第六章的 1、4 节由钟巧灵编写。感谢两位在本书的编写和出版中做出的贡献。

本书的出版，还要感谢我的研究生导师李乐山教授，西安交通大学的张煜老师，电子工业出版社的左雅编辑，没有他们的参与和鼓励，我很难完成这本书的编写及出版工作。此外还要感谢张启熙、张萌、胡智铭、张启彬、王新、王悦、张小烨等同事和朋友给予的帮助。在此成书之际，整个过程历历在目。衷心希望这本书能得到读者朋友们的喜爱。

冯世博

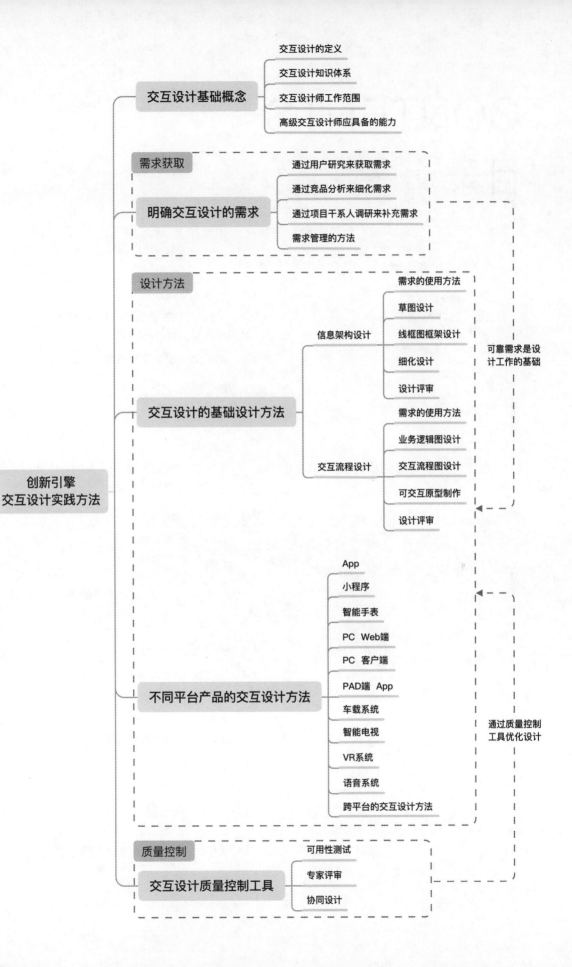

创新引擎
交互设计实践方法

交互设计基础概念
- 交互设计的定义
- 交互设计知识体系
- 交互设计师工作范围
- 高级交互设计师应具备的能力

需求获取
明确交互设计的需求
- 通过用户研究来获取需求
- 通过竞品分析来细化需求
- 通过项目干系人调研来补充需求
- 需求管理的方法

设计方法
交互设计的基础设计方法
- 信息架构设计
  - 需求的使用方法
  - 草图设计
  - 线框图框架设计
  - 细化设计
  - 设计评审
- 交互流程设计
  - 需求的使用方法
  - 业务逻辑图设计
  - 交互流程图设计
  - 可交互原型制作
  - 设计评审

可靠需求是设计工作的基础

不同平台产品的交互设计方法
- App
- 小程序
- 智能手表
- PC Web端
- PC 客户端
- PAD端 App
- 车载系统
- 智能电视
- VR系统
- 语音系统
- 跨平台的交互设计方法

通过质量控制工具优化设计

质量控制
交互设计质量控制工具
- 可用性测试
- 专家评审
- 协同设计

CONTENTS
目录

第三章 03
理解产品并确立需求

第四章 04
信息架构设计方法

第五章
交互流程设计方法

07
第七章
语音系统交互设计

08
第八章
交互设计质量控制工具

第一章

交互设计基础概述

本章的主要目的是向交互设计的初学者们介绍交互设计基本的概念和交互设计师的学习体系及能力分析。通过本章的学习，初窥门径的设计师们可以对交互设计的学习和工作有一个初步的了解。

1.1　什么是交互设计

交互设计是基于产品需求和用户研究分析结论，对 IT 产品的人机交互部分进行功能结构设计、界面布局设计、操作流程设计、产品非正常状态设计，并形成规范的人机交互文档的工作。

交互设计的应用领域主要有以下几个：

- 可以用作产品经理的需求细化参考；
- 可以作为视觉设计师的界面元素布局的参考标准；
- 可以作为数据库的设计参考；
- 可以作为软件前端流程的开发标准；
- 可以作为测试用例的设计参考。

1.2　交互设计学科涵盖的知识体系

交互设计学科主要涵盖的知识体系及其对交互设计起到的作用如下。

（1）设计调查。通过设计调查工作获得用户行为数据和认知数据，通过分析这些数据形成结论，可以用来确认交互设计工作的设计需求和设计依据。

（2）心理学。将心理学的知识作用于交互设计的调研过程、设计过程及测试过程，使得设计调研、交互设计和可用性测试等工作内容更符合用户的行为和认知属性。

（3）社会学。社会学的知识主要用于研究人类社会群体的变化对设计趋势发展的影响。

（4）数据分析。数据的定性分析、定量分析方法可以用来分析设计调查中获取的统计数据，从而形成有效、可信的分析报告。

（5）人机学。通过人机学理论知识的运用，让整个人机界面系统的输入交互更加顺畅合理，输出内容更加符合人的视觉、听觉、触觉及肤觉等感觉器官的机能特性。

（6）符号学。研究设计元素中符号的本质、发展变化的规律及各种意义，让人机界面设计的表达符合符号与人类多种活动之间的关系。

（7）审美。通过对审美的系统性学习，为设计赋予美感，让用户欣赏设计作品时产生无目的的愉悦。

（8）计算机编程。学习计算机编程的知识，可以让设计更符合计算机系统和编程要求，避免设计与开发工作脱节的情况发生。

1.3　交互设计师工作范围

以交互设计为职业的工作人员称为交互设计师。交互设计师的工作范围主要包括以下内容。

（1）通过对目标产品进行竞品分析、团队讨论等工作，辅助产品经理进行产品需求的细化及完善。

（2）参与用户研究的调研过程，挖掘真实用户的需求、行为和认知特点，建立用户模型，指导后续设计。

（3）对软件产品的人机界面进行信息架构设计。

（4）对软件产品的功能任务进行交互流程设计。

（5）对人机界面设计规范中的信息架构和交互流程部分做出规范要求。

（6）与开发工程师对前端开发的功能流程和后端开发的接口设计工作进行详细的沟通和细化。

（7）完成软件测试工作中的可用性测试部分工作。

（8）参与辅助测试工程师负责的测试用例设计工作。

（9）在产品运营过程中，收集用户反馈和新需求，并将之用于产品新版本的改进和迭代。

1.4 高级交互设计师应具备的能力

想要成为一名高水准的优秀高级交互设计师，需要具备以下能力。

1. 产品设计能力

交互设计师需要能够明晰产品经理提出的产品需求，理解产品定位、产品使用场景、产品功能优先级，分析市场相关产品现状及发展趋势，并对现有产品进行可用性分析。

2. 用户研究能力

优秀的交互设计师应该具有用户研究能力，能够和用户研究工程师一起进行以下工作。

- 用户研究的实验设计工作。
- 利用访谈、问卷等调研方法进行实验操作。
- 完成数据分析，挖掘用户行为和认知的特点，分析用户使用情景，建立用户模型，把握用户需求。

3. 信息架构能力

交互设计师需要具有信息架构能力，可以将文字性或图表性的设计信息，架构成合理的软件系统人机界面，并使之符合用户的认知及计算机系统的能力。

4. 逻辑思维能力

在进行复杂的交互流程设计时，交互设计师需要拥有足够强的逻辑思维能力，通过逻辑思维将多种角色的不同交互流程，以及流程中发生的各种判断条件产生的不同分支流程进行清晰有序的设计。

5. 审美能力

交互设计师应当掌握当前审美趋势和设计风格方向，确保在交互设计环节遵循设计标准的同时，创造出具有设计美感、利于视觉设计师发挥的界面架构；持续发挥审美能力，在视觉设计评审中向视觉设计师提出审美建议。

6. 开发能力

交互设计师应当掌握一定的前后端开发能力，让交互设计符合程序开发标准。可以完成提供给程序开发人员使用的设计说明书，并配合程序开发人员完成相关程序测试工作。

7. 测试能力

交互设计师既需要掌握产品的可用性测试能力以优化设计，也需要掌握软件程序测试的基础能力，可以在程序开发的过程中通过设计师的视角指出程序中存在的问题和提出修改建议。

8. 团队合作能力

- 沟通能力，可以和软件开发项目团队中的任何工作角色进行相关专业的深度沟通。
- 协同工作能力，可以组织团队进行协同工作，并具有项目排期能力。

第二章

通过用户研究来分析产品需求

资深产品经理或企业家们可以凭借积累的产品经验和对用户的同理心，创造出惊艳的产品，但是这种需要长久经验及项目积累的方法并不适用于所有的设计师。用户研究是理解用户的最合理、最科学的方法。

用户是产品的使用者，交互设计的工作正是基于以用户为中心的思想。在用户研究和分析中得到的用户需求和产品结论是构架产品的基础。科学详实、定位精准的产品需求能够让交互设计师设计出更符合用户行为、认知及使用环境的产品。所以我们动手进行交互设计的前提，是要通过用户研究方法，分析用户的以下因素。

（1）用户的目的与动机。

（2）用户对产品的功能需求。

（3）用户操作类似产品的行为习惯或与操作产品相关的日常生活习惯。

（4）产品的使用环境、使用情景。

（5）用户使用产品时的操作行为。

（6）用户使用产品时的感知情况。

（7）用户使用产品时的认知情况。

（8）用户使用产品时的出错情况。

（9）用户使用产品时的非理性情况。

交互设计师应当以用户调研方法为工具，研究、分析用户的需求、场景、认知特性，保证产品的可用性。用户调研所涉及的工作内容如下。

（1）选取用户研究方法。

（2）保障用户调研效度。

（3）确定调研用户维度。

（4）完成用户抽样及邀约。

（5）执行用户调研过程。

（6）分析调研数据。

（7）应用调研结论。

2.1 选取用户研究方法

用户需求的研究方法主要分为定性研究方法和定量研究方法两类。这两类方法的研究策略、研究工具、调研步骤及分析方法都有所不同。

2.1.1 定性研究方法

定性研究主要是通过对用户的观察、访谈、互动等非量化的手段，对用户的行为、态度、需求、情感、认知进行分析判断，得出研究结论的方法。

具有代表性的定性研究方法有以下几种。

1. 深度访谈

深度访谈是为了了解用户的行为和习惯，由专门的评估调研人员对用户进行的一对一的访谈活动。调研人员需要提前准备访谈提纲或问卷，采用问答或引导用户叙事的手段得到需要了解的数据。

这种研究方法所得到的每个用户样本数据都详细、深入，是十分有效的一对一定性调研方法。收集到的数据包括观察结果、访谈记录、逐字稿、照片、录音、录像等。

2. 焦点小组

在焦点小组的活动中，每个调研小组有 6 ～ 12 名用户参与，由主持人以座谈会的形式带动用户形成讨论氛围。焦点小组借助参与者之间的互动激发想法和思考，使得讨论深入完整。

这种研究方法周期短、成本低、思路较为发散。收集到的数据包括解决问题的记录、讨论录音、录像等。

3. Shadowing（影随法）

影随法是研究人员无打扰地跟踪用户一段时间并观察记录其与产品相关的行为和语言的方法。研究人员可能会调查一些问题，但都没有明确导向，而只是在用户进行活动时简单地跟随并记录。

因为是在真实的用户环境中观察到的，这样获得的数据非常直观可信。收集到的数据包括观察记录文档、照片、视频等。

4. 卡片分类

卡片分类方法是指将产品相关的数据信息写在卡片上，由用户按照不同的分类标准将繁多信息进行归类整理的一种方法。它可以帮助设计师进行整体架构设计、导航和菜单设计；也可以帮助设计师进行功能的权重分析，例如，将产品的功能卡片按照使用频率、满意度、重要性进行细分。

这种研究方法快速、直观，但数据分析较为困难，得到的结论有利于复杂功能系统的架构设计和同类菜单的功能归集。

5. 合意性研究

合意性研究多被用来进行视觉倾向的调查，为后续的设计风格提供指导。在研究过程中向被试展示不同的视觉设计方向或者视觉设计界面，并要求被试完成索引卡片任务。索引卡片任务有以下两种方式：

- 给予一些索引卡片，每张卡片上都有一个描述（一般是形容词），然后，被试被要求指出哪个卡片与哪个设计搭配起来最好。
- 给予一些索引卡片，每张卡片上都有两个反义描述（一般是形容词），然后，被试被要求指出设计在这两个形容词所连成的量表中所处的位置。示例如图 2.1 所示。

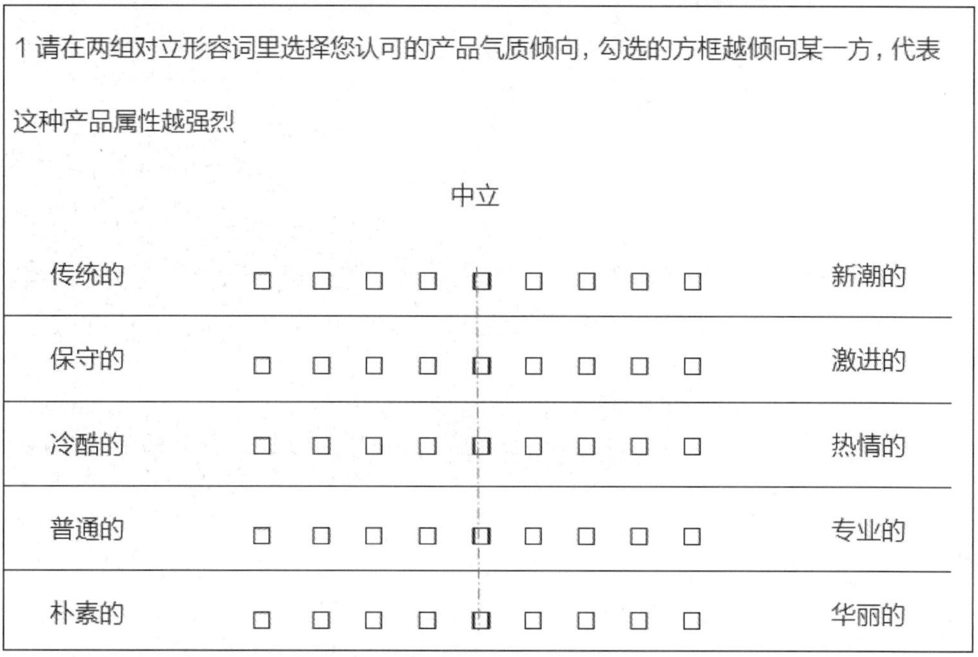

图 2.1　合意性研究问卷示例

6. 眼动实验

眼动实验是指调研人员借助仪器，对被试在进行操作时的眼睛活动情况进行记录，借此分析大脑的思维过程。早期人们主要利用照相、电影摄影等方式来记录眼球运动情况，现在利用眼动仪等先进工具可以得到更加精确的记录。

眼动实验的原理主要是：在实验中，主试利用一小束对人体无害的微弱光束，射向被试的眼睛，这束光从眼球表面被反射回来后就能记录眼球运动的情况了。对该光束进行分析，即可对人脑思维活动情况进行推测。

在对眼动资料进行分析时，实验者通常会设想被试所注视的内容与他当时所想之间有着某种关系，但这种设想并不总是正确的。因而对眼动实验的运用，要注意和其他方法，如言语报告法结合起来进行，才可能获得较好的效果。

眼动实验的主要应用如下。

- 通过热区图评估视觉驻留时间，借此判断模块的重要性和吸引力。
- 通过轨迹图评估用户浏览顺序，分析界面架构和内容布局的合理性。

2.1.2 定量研究方法

定量研究是通过调查或统计数据来表示和分析用户的行为或态度差异的方法。

具有代表性的定量研究方法有以下几种。

1. 问卷调查

调查问卷是一份精心设计的问题表格，用于收集人们对某个特定问题的态度、观点或信念等因素。在用户研究中，问卷调查的目的是挖掘与产品设计、用户界面相关的信息，确定产品因素的重要性，以及各个因素之间的关系。

问卷调查的范围广、简便易行、省时省力，可以对较大的人群量进行数据的收集，更容易收集到用户的目标、行为、观点和人口统计特征等量化数据。

常用的问卷调查方式主要有小样本的线下问卷发放方式和大样本的网络填答方式。

问卷调查中不同类型的题目的主要统计分析方法有：

- 投票题、是非题、排序题可进行数据描述性统计和数据间的对比、排名；
- 量表题可进行假设检验、信度分析、方差分析、相关分析、因子分析、回归分析、聚类分析等数据分析；
- 主观题则用来进行定性的行为或态度描述；

问卷调查主要的输出为原始问卷和统计数据等。

2. 通过大数据分析用户行为特征

通过收集产品的行为数据，可以得到用户操作任务的路径、点击位置、尝试次数、使用时间段、使用时长等数据。通过这些数据分析可以：

- 确定产品任务的路径优化方案；
- 合理优化界面架构布局；
- 分析产品用户活跃度和主要使用情景。

例如，通过对手机 App 的点击及手势操作的数据统计，可以得到界面上的操作热区分布热力图，进而分析界面元素设计的合理性，如图 2.2 所示。

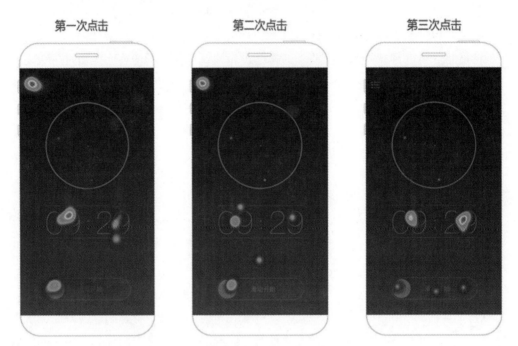

图 2.2　手机 App 界面用户操作热区分布热力图

定性和定量的研究方法往往在用户研究中被综合使用。例如，在定量研究的问卷设计阶段，相关的探索性问题的来源，可以从定性研究的开放式访谈中得到；在定量数据中分析出的数据倾向性的结论，也可以通过定性研究中的访谈或焦点小组会议得到验证。

2.2　保障用户调研效度

效度是保证用户调研方案设计、研究过程、数据分析有效性的工具，它直接影响了调研的真实性和数据的可靠性。常用的效度工具有以下五种。

2.2.1　预测效度

在用户调研开始之前，需要依照需求和经验对实验设计、实验结果有一定的预期和判断，并依据这些预期和判断进行前期的准备工作。随着调研的深入，设计师用调研得到的数据验证预期的合理部分，对预期的不合理部分，则根据调研情况做出原因分析和修正。

在正式调研前，可以通过前期的用户预调查、环境勘测、干系人研讨会调整以下内容。

- 根据样本用户的资料、用户产品使用经验及调研项目的时间安排，综合不同研究方法的优缺点（参见 2.1.1 节），确立合理的研究方法。
- 调整预设的调研框架、调研详细问题，以确定正式访谈提纲、卡片、问卷等物料。
- 调整实验环境，确定实地环境或实验室环境的选择。

2.2.2　结构效度

结构效度是指整体调研因素框架是否全面、恰当，是否能挖掘设计信息。结构效度可以用来保证研究框架的全面性、系统性和细致性，调研的整体因素中是否有遗漏的因素，是否存在更适当的因素。这需要：

（1）做好充足的预调查、案头研究、阅读和理解产品资料及手册等工作。

（2）针对不同使用经验维度的用户，进行特定调研内容的设计。

（3）涵盖所需的全部调研要素。常见的调研要素有产品规划、技术可行性、未来发展、功能使用问题、功能使用频度、功能重要性、功能满意度、产品新需求、产品审美要素等。

（4）针对调研进行合理完善的实验设计。

（5）请没有参与项目的用户研究专家帮你验证调研因素框架的合理性。

2.2.3　内容效度

内容效度是指调研内容的有效性。在结构效度稳定的基础上，需要进行调研框架的细化和研究内容的详细撰写，形成最终的调研物料，然后通过预调研，调整和完善内容效度。

保证内容效度需要：

（1）确定一个调研因素可以分解成哪几个问题。

（2）确保调查问题能够全面、真实地反映一个因素。

（3）去除不能挖掘设计信息的调研问题。

（4）去除超过了用户经验范围的调研问题。

（5）明确什么问题适合哪种研究方法。

（6）为细分后的用户提供符合用户的调研内容及物料。例如，在一个机场相关的软件设计项目中，我们在对机场指挥中心指挥员的访谈中发现，指挥席存在轮岗的工作形态，指挥员在不同岗位上扮演的角色和操作的内容都不同，所以针对这种情况要求交互设计师按照指挥员所在的不同席位进行专门的调研，从中挖掘不同席位的功能需求和可用性等问题。

2.2.4　交流效度

交流效度是指在调研过程中收集用户数据的有效性指标。交流效度的主要保证条件如下。

（1）对方是否能够明白你提出的问题的含义。

（2）对方是否能够回答你的问题。

（3）你是否能够理解对方的陈述。

可以采用以下方法增强调研过程的交流效度：

（1）重复用户的陈述，让用户确认你的理解和他的陈述相符合。

（2）消除用户回答问题时的紧张感。

- 除实地调研外，调研地点尽量保证在会议室等宽敞明亮的环境中进行。
- 除主访外，其他工作人员远离用户，尽量减少非必要人员的参与。
- 为用户准备纸笔等常用物品，减轻用户的心理压力。
- 对于在镜头前紧张的用户，取消摄像拍摄，用录音代替。

（3）提高调研效率，尽量避免用户调研过程中分心。例如，对于一些非常忙的用户，可使用卡片分类等快捷调研方法代替冗长的深度访谈，进行功能调研，以充分利用用户工作中的碎片时间。

2.2.5　分析效度

分析效度是指在调研数据分析阶段，分析方法和分析结论的有效性。主要从以下几个方面保证分析效度。

（1）尽量采用多种采样通道进行数据采集（录音、录像、笔录），保证每个调研环节同时有两种以上的数据记录方式，避免单一数据通道造成的信息丢失，例如：

- 我们在调研一位经验丰富的经理时，由于调研时间较长，摄像机出现断电，导致摄像部分出现缺失，但录音部分和文本记录正常；
- 在调研某位非常注重隐私的用户时，因为用户要求，没有开启录音和录像，但详实的文字记录内容可以保证调研数据被正常记录。

（2）保障调研数据类型的完备性，例如：

- 在已有功能使用这一点的研究上，可采用深度访谈、三组维度卡片分类的定性结合定量调查综合的方式，充分研究用户对现有功能的使用情况和功能权重；
- 在产品新需求的调研中，可采用深度访谈、问卷调查的综合研究方法，使得数据相互补充、相互印证，更有效地分析出产品需求和现有功能的改进方法。

（3）分析方法的合理性。分析过程中对统计的调查数据合理采用语义分析、定量数据分析、可用性分析、用户模型分析、合意性分析等多种分析方法，整理出用户需求、行为、可用性问题等多项结论。

2.3　确定调研用户维度

在实验设计之前，由于不同用户类型会产生不同的调研结果，我们首先要对用户类型进行预测性的细分。以下为几个常用维度的用户细分举例。

（1）在产品使用频率维度上，用户一般分类如下。

- 偶然用户。偶然使用产品，用后不再继续使用的用户。
- 新手用户。初步接触产品，操作不熟练的用户。
- 经验用户。对产品常用功能能够熟练使用的用户。
- 专家用户。掌握产品全部功能的使用方法，并精通部分功能的用户。

新手用户随着使用经验的增加会向经验用户转化，而经验用户只有小部分会进阶为专家用户，其中经验用户的用户基数与其他用户群体相比最大。

（2）如要进行招聘产品等与用户职业相关的用户研究项目，可根据用户的职业角色和经历进行分类，分类可以包括应届学生、企业的员工、企业中高职位管理者、蓝领工作者。

（3）在一些各地广泛应用的产品调研工作中，可根据地域进行用户细分，例如：按经济发达程度细分：特大城市（北上广深）、二线重点城市（如成都、青岛、南京等）、普通城市、农村；按照生活习惯细分：华南地区、华北地区、西北地区、西南地区、东北地区、华东地区、华中地区。

（4）其他一些用户细分方式，例如按照性别细分用户、按照同类产品的使用情况细分用户等。

2.4　完成用户抽样及邀约

在确定好用户维度后，具体的调研用户如何确定呢？我们需要根据实际情况选择一种或综合多种抽样方法进行用户抽样。通过抽样得到调研用的用户样本数据，在后期的数据统计与分析中，也要通过抽样而来的用户数据，反映整个产品用户群体的行为认知特征。抽样类型包括概率抽样和非概率抽样，其特点和方法如下。

2.4.1　概率抽样

概率抽样是以概率理论和随机原则为依据来抽取样本的抽样方法，它使得总体中的每个单位都有一个事先已知的非零概率被抽中。

概率抽样的主要方法有以下两种。

（1）简单随机抽样。在总体中直接进行随机抽样。例如，可使用计算机随机数法对总体进行抽样。

（2）分层抽样。根据用户维度进行分层，确定各层人数抽样比例，然后在各层总体中进行随机抽样。

2.4.2 非概率抽样

非概率抽样是调查者根据自己的分辨或主观判断抽取样本的方法。非概率抽样无法排除抽样者的主观性，无法控制和客观地测量样本代表性，理论上样本不具有推论总体的性质。但对于产品来说，用户群体的总体是在不断变化的，邀约的成功率也不可控，所以精确的概率抽样只能存在于理论中，实际操作中往往需要把非概率抽样与概率抽样结合使用。

非概率抽样的主要方法有以下几种。

1. 定额抽样

定额抽样也称配额抽样，是将总体依某种标准分层（群），然后按照各层样本数与该层总体数成比例的原则主观抽取样本。

定额抽样与分层概率抽样很接近，最大的不同是分层概率抽样的各层样本是随机抽取的，而定额抽样的各层样本是非随机的。

总体也可按照多种用户维度的组合来分层，例如，按照使用竞品情况和本产品使用经验，分为竞品经验用户、竞品新手用户、本品经验用户、本品新手用户等。

2. 立意抽样

立意抽样又称判断抽样，是研究人员从总体中选择那些被判断为最能代表总体的单位作样本的抽样方法。当研究者对自己的研究领域十分熟悉、对研究总体比较了解时可以采用这种抽样方法获得代表性较高的样本。

这种抽样方法多应用于总体小而内部差异大的情况，以及在总体边界无法确定或因研究者的时间与人力、物力有限时采用。

3. 滚雪球抽样

滚雪球抽样是以若干个符合调研要求的人为最初的调查对象，然后依靠他们提供认识的合格的调查对象，再由这些人提供第三批调查对象，依次类推，样本如同滚雪球般由小变大。滚雪球抽样多用于总体单位的信息不足或观察性研究的情况。

4. 方便抽样

方便抽样方法的样本限于总体中易于抽到的一部分，常见的是偶遇抽样，如街头拦访。这种方法最简单，省时省钱，但样本代表性因受偶然因素的影响太大而得不到保证。

2.4.3 电话邀约举例及注意事项

除街头拦访等方式完成的调研外，大部分调研方法在用户抽样完成后，需要对用户进行邀约，以进行实地或实验室环境下的用户调研。以下是电话邀约的流程举例。

（1）接通电话确认对方信息：您好，请问您是某公司／单位的某某女生／先生么？

（2）自我介绍：我是某公司工程师某某，请问通话是否方便呢？

（3）意愿询问：我们从某资料库中得到您的信息，我们负责某系统的研发工作，十分想了解您这样的用户的想法，不知道您是否愿意参加我们这次调研活动呢？

（4）活动介绍：时间、地点、报酬、注意事项等。

（5）再次确认预约信息。

（6）感谢并挂机。

用户邀约时有以下注意事项。

（1）邀约之前需要准备好邀约文案和解答用户问题的资料。

（2）拨打电话应谦和礼貌。

（3）语速不能太慢，陈述应清晰。

（4）打错电话或用户表示不感兴趣时应表示抱歉并挂机。

（5）用户当时有事可询问再次致电时间。

（6）邀约完成之后应将邀约信息记录到调研时间表。

（7）邻近调研约定时间之前应再次致电二次确认。

2.5 执行用户调研过程

2.5.1 调研安排

调研过程需要配置一名主调研员和一名副调研员。主调研员负责调节调研气氛，完成主要内容的调研，记录要点；副调研员负责查漏补缺，详细记录调研内容，操作录音、录像、计算机等调研设备。如果操作设备复杂，可增加一名设备操作员。

由于用户的疲劳度限制，持续时间较长的深度访谈和焦点小组等活动的时间应控制在一小时左右，最多不超过两小时；且为了保证调研详实性，应不少于半小时。

为避免用户的专注力下降，应设定几个休息节点，当发现用户精力不集中、疲劳或敷衍时，应及时暂停调研，安排休息。

应准备专业录音笔、摄像机等音像记录设备，如需用户操作计算机或手机等电子设备，应提前还原设备的操作设置，清空设备内存。

应尽量选择舒适安静的场所进行调研，调研过程中如需操作演示，可选择用户的常用场景进行调研。

现场观察调研过程的观察员尽量不要多于一个，可以以设备操作员的身份介入调研，以减轻用户的压力。如有更多人需要观察调研过程，应尽量寻找有单面镜的实验室环境，方便多人在单面镜后的观察室进行调研观察。

2.5.2 调研物料

在调研过程中，需要按照实验设计，准备相应充足的调研物料。常见调研物料如下。

（1）保密协议。调研过程中需要签下保密协议，一是为了保护用户的隐私，保证调研数据仅用于此调研，二是为了保护调研过程中未面世的产品信息不被提前泄露。在调研开始前需要解释清楚保密协议的意义并请用户签下保密协议。

（2）调研提纲。调研提纲涵盖了需要调研的全部情景、内容、细节问题、答案选项等。它可以理顺主访的思路，方便副访记录访谈内容、补充访谈细节。

（3）调查问卷。作为调研过程中态度等定量数据的收集工具。

（4）卡片及盒子。作为调研中用来进行卡片分类的工具。

（5）任务卡。可用性测试中描述任务细节的卡片。

（6）收条。用户收到调研报酬后填写的收据。

2.5.3　调研技巧

（1）不要在调研开始前将调研设备和材料一次性全拿出来，调研的仪式感太强会让用户紧张害怕。要先进行热场，向用户讲清楚调研环境中用到的设备，减轻用户戒备心理。

（2）尽量按照情景或主题进行全面调研，不要按提纲照本宣科，要学会追问感兴趣的话题，让用户多讲，让他们沉浸在回忆中讲故事，这样可以收获更多有效资讯。

（3）为了保证调研的流畅性，可以对用户可能提出的问题提前准备好较为全面的回答选项，一旦用户卡壳，可以用备选选项进行引导。

（4）提问语速要适中，可以准备一份纸笔，让用户在语言表达不清楚时写写画画，减轻用户的紧张情绪。

（5）如果用户遇到没经历过的调研场景，不会回答某些问题或给出不确定的答案时，应当鼓励或适当举例引导，实在无法得到有效信息的，可以跳过该问题，并说明这与用户无关，以减轻用户的过错心和自卑心。

（6）调研员也可能出现卡顿、忘词等情况，这时可以重复一遍上个问题的用户回答，顺便思考该如何继续提问；也可让副调研员接过话题，自己查阅下调研提纲或理顺思路。

（7）用户的语言观点和行为并不是完全相符的，所以不能只是调研用户的态度，也要询问他们真实经历中的行为和习惯。

（8）有时会遇到用户侃侃而谈、脱离调研范围边界、无法控制时间等情况，这时需要稍微委婉地打断，把话题重点引回调研计划和提纲中来。

（9）为提升交流效度，对于一些用户的复杂回答应当重复一遍给他听，并询问自己的理解是否正确。

2.5.4　部分特定调研过程的注意事项

（1）影随法的调查时间很长，又涉及用户隐私，所以往往调研报酬较高，并需要提前和用户签订观点及照片使用许可书。

（2）卡片分类由于物料多而细碎，需要准备备用的调研物料，以免调研物料残缺或损坏，影响调研进行。可制作一些卡片分类的盒子，让调研更有趣味性。

（3）焦点小组的用户需要在职业上进行区分，尽量不要邀请相识的用户，以免形成小团体影响整体谈话走势。主持人应控制并均匀分配各个用户的话语权。用白板或大素描本快速记录下用户的核心观点或关键词。

2.6 分析调研数据

2.6.1 定性调研数据分析及输出

定性数据是描述性的用户数据，通过定性调研得到的数据可进行如下分析。

（1）深度访谈的调研数据分析。通过语义分析得到访谈中用户语义映射的真实需求，搭建用户的使用情景，挖掘用户的产品评价、使用感受等认知数据。

（2）焦点小组的调研数据分析。通过对小组讨论记录的有效提取，获得用户对产品的多样性看法和需求。

（3）Shadowing 影随数据分析。通过跟踪记录，得到用户行为和使用情景的直观数据。

（4）卡片分类数据分析。通过不同维度的卡片分类，得到用户对功能或需求的满意度评价、重要性评价、需求频率等认知数据。

（5）合意性研究数据分析。通过用户给出的打分，得到用户对产品的审美趋势和认知态度。

（6）眼动实验数据分析。通过眼动轨迹和热区的信息展示，研究得到用户的阅读和浏览行为数据。

2.6.2 定量调研数据分析及输出

定量数据是可量化的用户数据。采用五分或七分量表进行的定量调研比较适用于定量数据分析，可以借助 SPSS 等数据分析工具从以下角度进行分析。

（1）调研结果的信度分析。信度是指测验结果的一致性、稳定性及可靠性，一般多以内部一致性表示该测验信度的高低。内部一致性是基于问卷中同一因素下问题的观测值的相关系数，信度系数越高表示该测验的结果越一致、稳定、可靠。Cronbach α 系数是对信度的估计值，是用来评估因素的内部一致性的信度系数。计算公式如下：

$$\alpha = \left[\frac{k\left[1 - \sum \frac{s_i^2}{s_{\text{sum}}^2}\right]}{k-1}\right]$$

其中，k 为调研题目数，s_i^2 为每题得分方差，s_{sum}^2 为总样本方差。可信度高低与 Cronbach α 系数的对照见表 2.1。

表 2.1 可信度对照表

Cronbach α 系数	$\alpha < 0.5$	$0.5 \leqslant \alpha < 0.6$	$0.6 \leqslant \alpha < 0.7$	$0.7 \leqslant \alpha < 0.8$	$0.8 \leqslant \alpha < 0.9$	$\alpha \geqslant 0.9$
可信度	很不可信	不可信	勉强可信	可信	很可信	十分可信

（2）因素权重分析。通过问题平均得分和问卷量表得分分布趋势可以得到因素的权重指标。

（3）调研因素聚类。可以通过聚类的方法将彼此类似的调研因素或用户人群聚合在一起，加以归类。

（4）近似因素差异区分。可以采用平均数差异检验的方法对得分近似的因素加以区分。

（5）用户维度对因素的影响分析。可以通过卡方检验，分析不同用户类型对此因素是否存在显著影响。

（6）因素间相关性。可以通过散点图、相关分析等方法分析不同因素间的相关性。

以上分析方法的详细分析原理和过程可参见其他专业数据分析类书籍中的相关描述。

2.7　应用调研结论

2.7.1　用户模型

我们可以通过分析调研数据建立用户模型，了解用户真实的操作过程、思维过程、出错情况、学习过程。用户模型可以让设计师从用户的角度出发，进行"以用户为中心"的设计，并且为后期的可用性测试提供合理的测试流程。

在传统的用户模型基础上，增加用户非理性的部分内容，构成了适合设计师使用的非理性用户模型，其主要的组成要素如下。

1. 行为部分
- 用户完成该任务的目的；
- 用户实现目的所制订的计划；
- 具体计划的实际实施过程；
- 完成行为后对任务的评价。

2. 认知部分
- 任务实施过程中的用户感知；
- 用户在任务实施过程中对任务过程的学习；
- 用户在任务实施过程中对任务过程的理解；
- 用户在任务实施过程中的注意属性；
- 用户在任务实施过程中的记忆属性；
- 用户在任务实施过程中的出错；

- 任务中出现的非正常情况。

简单的用户模型示例见表 2.2。

表 2.2　用户模型示例

来 电 情 景			
目的	接 听 电 话		
计划	接听—通话—挂断		
实施	信息输出通道 1—语音提醒—来电铃声	信息输出通道 2—界面提醒—来电提示信息	
	操作通道 1—屏幕点击—点击"接听"按钮接听电话	操作通道 2—语音控制—接听电话	操作通道 3—手势控制—滑动接听电话
		信息输出通道 2—界面提醒—进入通话界面	
	操作通道 1—屏幕点击—点击"挂断"按钮挂断电话		操作通道 3—手势控制—滑动挂断电话
	操作通道 1—屏幕点击—提示已挂断		
出错	忘记语音命令；手势出错		
非正常	无信号；第二通电话呼入		
评价	通过手势和语音的控制可以使用户不用注意屏幕而进行操作，方便用户在双手占用情景下使用		
感知	语音提醒减轻了用户的视觉负担		
认知	手势和语音控制减轻了用户选择性注意的负担；需要增加一定的学习成本		

2.7.2　产品使用情景分析

产品在用户真实使用过程中存在不同的使用情景，这些情景会使得用户对产品的使用行为也不同，例如，智能电视待机界面的语音控制和正在全屏播放节目时的语音控制，就是两种不同的使用情景。又如，地图 App、共享单车 App 等在白天和黑夜的情景下使用也有不同。

在调研过程中，可以整理分析出产品的不同使用情景，并针对不同情景进行分析，也可以将情景分析的结论融入用户模型。

为了便于设计师和产品人员的理解，可以把情景分析写成一段简短的故事，在故事中阐述用户遇到的问题，然后在思考、讨论及调查数据中寻找问题的解决方案，最终将解决方案细化成可执行的故事板流程，确定可执行方案。

2.7.3　Persona

简单来说，Persona 是在大量调研的基础上，使用经过分析的真实有效的数据，抽象出角色、情景的特征，形成的一个或多个虚拟角色。它是对由真实人物所提供的便于理解且准确的数据所构建出的虚构人物的详细描述。但是，它不代表每个可能的用户，而是描述成千上万的用户总体特性。

人物角色一般会包含一些个人基本信息，如家庭、工作、生活环境描述，与产品使用相关的具体情景，用户目标或产品使用行为描述等。例如，在一次招聘产品的相关用户研究活动中，我们为产品定义了 6 类 Persona 人物角色，每个人物角色都从基本资料、用户背景、工作目标、工作渠道、求职行为、产品需求、产品痛点、产品使用流程、关键点等方面进行描述。

如图 2.3 所示为其中一个角色的部分角色描述示例。

图 2.3　Persona（人物角色）角色描述示例

2.7.4　需求权重表

通过定性调研，除了得到用户的认知和行为数据，还可以得到用户的直接需求。后续通过定量分析可分析出这些需求的重要性。表 2.3 为一个简单的需求权重表示例。

表 2.3　需求权重表示例

序号	模块	需求	优先级
1	职位搜索	用户希望在搜索的时候能够直接定位到区	高
2	职位搜索	在职位展示列表中，招聘地点显示得不够详细，用户希望能显示到区	低
3	职位搜索	用户希望能够搜索到更多的职位，希望增强模糊搜索	中

需求权重表可以帮助产品人员进行需求排期，也可以辅助交互设计师进行合理的界面架构设计和流程设计。

第三章

理解产品并确立需求

在细致地进行了用户研究、分析用户需求、建立用户模型、确立需求权重之后，交互设计师还需要完成一系列工作以理解产品，并将用户需求与产品需求相结合，确立最终需求。理解产品并确立需求所需要的工作内容如下。

- 分析国内外主要竞品的优缺点。
- 调研本产品项目干系人的需求及目标。
- 进行该产品的行业专家调研，深入了解产品思路。
- 辅助产品经理和开发工程师管理需求。

3.1 竞品分析

3.1.1 竞品分析的意义

竞品分析是剖析国内外竞品优缺点的重要方法。交互设计师可以通过竞品分析实现以下目的。

（1）建立对产品使用场景、功能流程、设计形态等方面的认识。

（2）通过对比、分析可发现现有产品的不足及设计改进的方向。

（3）挖掘新的产品需求。

（4）对信息架构设计提供参考和辅助。

此外，对于交互设计师，尤其是刚入门的设计师，对比分析各类产品的类似功能，是快速积累设计知识的手段。设计师可参考以下分类，积累自己的设计知识库。

（1）登录注册。

（2）导航，包括主导航和次级导航。

（3）列表，图文结合的、纯文字的等。

（4）搜索。

（5）筛选。

（6）排序。

（7）表单。

（8）图表。

（9）工具栏。

（10）播放器。

（11）引导。

3.1.2 竞品选择

1. 搜集竞品

- 快速了解行业，搜索行业排名，发现相关产品。
- 用谷歌、知乎、百度搜索中英文关键字、产品名。
- 在应用商店直接搜索产品关键字。使用国外的 Apple Store 账户或 Google Play 账户进行搜索可以得到更多国外产品结果。
- 搜索相关数据平台或咨询公司的行业报告。
- 搜索来自新闻平台的行业新闻资讯。
- 搜索政府、教育界、学术界等官方渠道的行业和竞品信息。

2. 了解和筛选竞品

在搜集竞品阶段其实已经对竞品有所了解，但还不够完善，需要从以下多个维度再次进行了解，选择值得分析的竞品。

- 官网介绍。
- App Store 或安卓应用商店的介绍。
- 产品迭代情况。
- 产品完成度。
- 产品用户数量。
- 产品评价，如应用商店打分、差评率等。
- 融资情况。
- 公司知名度。
- 合作方或背后支持方的背景。

3. 针对不同功能模块查找竞品

对竞品的选取要避免局限于同质化产品,可从功能维度出发,选择广义竞品进行分析。例如针对产品的新闻模块,可以选取设计较强的新闻产品进行分析;针对产品的登录模块,可以选取用户体系强大或体验优质的竞品进行对比分析。

3.1.3 竞品分析维度

交互设计师应当从以下维度进行竞品分析。

1. 功能维度
- 整体功能体系分析。
- 功能内部要素分析。

2. 流程维度
- 入口分析。
- 优质操作流程分析。
- 触发方式分析。
- 快捷操作流程整理。

3. 页面信息架构
- 导航层级分析。
- 信息分区方式分析。
- 信息项分组方式分析。
- 信息冗余性分析。

4. 其他
- 产品规模。
- 用户细分。
- 商业运营。
- 视觉效果。

3.1.4 竞品分析过程

1. 用户分析

用户分析主要进行用户的角色细分,分析各类用户的产品目的及对应的需求。数据主要来源于产品的用户评论、产业资讯等渠道。用户分析要点如下。

(1)可按照一定标准进行用户分类。例如,按照使用目的将使用者分为企业用户和个人用户,企业用户为了完成工作相关任务而使用该类产品,个人用户为了完成个人需求而使用该类产品。

(2)可根据产品功能判断是否遗漏用户角色。例如,初步梳理出的企业用户角色可能有供应商、投资、运营、销售，但进一步考虑企业内部使用时，还可以补充法务、财务、设计等角色。

（3）可提取不同用户角色的通用目的。通用目的对于特定用户来说，往往不是最重要的，但由于所有用户都有需求，所以与它相关的功能有更高的优先级。

（4）根据用户角色，梳理用户使用某个产品的目的，并分析产品需求。

表 3.1 展示了用户分析的一种成果形式。

表 3.1　用户分析表

用　户　角　色	目　　　的	需　　　求
供应商	• 确认公司是否有付款风险； • 确认公司通常的逾期或提前付款天数	• 公司风险分析； • 公司付款分析； • 供应商分析
投资人	• 寻求可投资公司	• 财报及概括分析； • 人物关系分析； • 管理团队人物履历； • 财务、法律纠纷分析； • 行业发展水平概要分析

2. 整体功能分析

对产品的主功能和子功能进行统计分析，以得出竞品的现有功能架构或给出功能架构参考建议，步骤如下。

（1）功能统计。用表格工具对各竞品功能进行统计。由于不同竞品对同一功能的命名可能不同，需要注意用贴切易懂的术语进行统一，以便后期理解和统计。对于复杂功能，需要注意概括与取舍，避免聚焦过于琐碎的信息。

（2）功能分类。当功能数量较多时，可通过对比各竞品的功能有无、功能位置层级、功能的信息量，来识别出基础功能、重要功能和特色功能。

（3）功能评价。当功能数量过少时，设计师可代入用户角色，对功能重要性进行评价，这种方式较为主观，建议只分为重要、一般、不重要三个级别。表 3.2 是功能统计和重要性评价的一种表现形式。

表 3.2　功能统计及重要性评价

功　　　能		App1	App2	App3	重　要　性
主功能 1	筛选	√	√	√	★★★
	关注	√	√	√	★★★
	监控	√	—	√	★★
	保存图片	√	—	—	★

续表

功　　能		App1	App2	App3	重　要　性
主功能 1	分享	—	√	—	★
功能个数合计		5	3	4	

（4）功能架构结论。意在用直观的形式概括性地展示功能分析的核心结论，可用树状图进行展示并高亮要点，如图 3.1 所示。

图 3.1　功能架构建议

3. 重点 / 特色功能分析

整体功能体系建立完毕后，就有了深入分析重点功能或特色功能的提纲。设计师可根据项目时间、项目定位，以及自身设计需要挑选有分析价值的功能进行详细分析。

（1）梳理子功能。明确该功能的子功能组成，这和流程一起组成了重点功能的分析。

（2）流程分析。参见本小节 4。

（3）关键页面信息构成分析。一般可采用表格统计信息有无情况，并评价其重要程度。如果信息过多，可将操作性信息和展示性信息分开处理。参见本小节 5 和 7。

4. 流程分析

简单流程可不用分析，复杂流程往往有一个明确的任务目的，如复杂内容的创建、文件审批、商品预订与购买、活动参与等。

（1）入口分析。同一任务可能有多个流程入口，例如淘宝，为了便于用户转化，在产品详情页和购物车页面内都提供了结算入口；为了便于用户进入购物车，在首页和产品详情页都提供了购物车入口。这些入口主要起到引流的作用，跟产品策略有关。

（2）整体流程概括。对于环节较多、步骤较长的流程，应首先对整体流程进行归纳概括，以建立全局意识。分析整体流程时，可忽略次要因素，聚焦阐述整体逻辑，被忽略的因素可在详细分析部分补上。整体逻辑流程分析举例如图 3.2 所示。

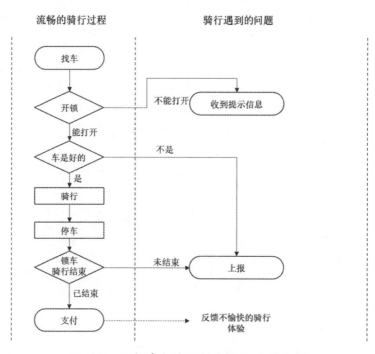

图 3.2　共享单车骑行整体逻辑流程分析

（3）详细流程分析。首先，描述流程是什么，一般采用逻辑流程图加产品截图的形式。其次，对比使用不同产品完成同一任务的流程，判断各自的优缺点，也可邀请周围用户进行简单的可用性测试，发现该流程容纳非理性错误的能力，最终从现有流程中选出优质操作流程，或者改良现有流程后得出优质流程，如图 3.3 所示。

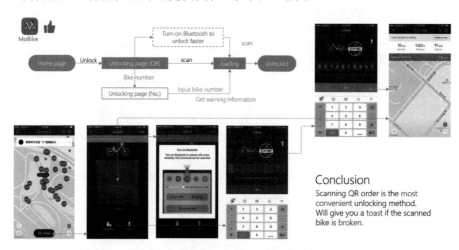

图 3.3　共享单车详细流程分析

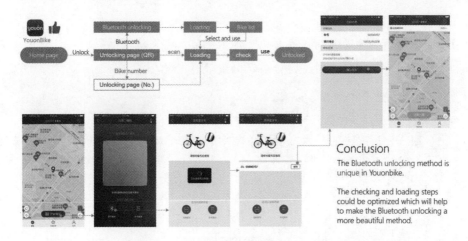

图 3.3　共享单车详细流程分析（续）

（4）快捷操作分析。需要评估快捷操作流程的必要性和便捷性，便于后期指导设计。

（5）触发方式分析。合理的触发方式可提升产品使用的流畅感、科技感或新鲜感，为用户带来情绪上的惊喜和愉悦，帮助提升交互体验、促进用户活跃。如微信刚上线摇一摇功能时，笔者周围就有很多人因为觉得新鲜有趣而使用此功能，并向周围好友进行推荐。常见的触发方式有点击、滑动、长按、双指缩放、多指操作等触屏交互操作。另外还有摇一摇、语音指令、眼动唤醒、距离感应、速度感应、隔空手势、附属硬件控制输入等触发方式。

5. 核心页面信息架构分析

核心页面信息架构分析主要分析首页等关键页面的信息布局，如导航层级、模块布局、数据组织、操作功能布局。

可以用示意图总结现有设计形式和不足，也可以不限于竞品，引入优秀的信息架构设计样例，提出设计建议等。这一阶段的建议应做到概括、简练，无须过于具象，如图 3.4 所示。

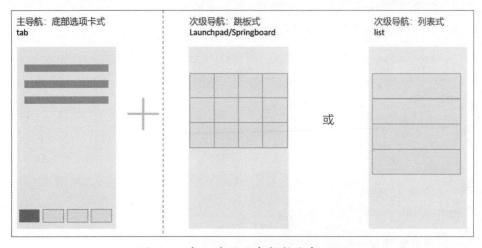

图 3.4　产品首页信息架构分析示例

6. 视觉分析

交互设计师进行视觉分析时，不必过于注重细节，应当从帮助提高信息架构原型图美观度和整体用户体验的角度出发进行分析，可从以下几点入手。

（1）视觉主风格分析。

（2）主色调及配色分析。

（3）色彩模式分析，例如，天气应用可能随阴晴雨雪而调整色彩模式，车机系统可能随白天黑夜的变化调整色彩模式。

（4）界面元素分析，如图标设计、卡片样式、字体运用等。

（5）视觉动效分析。

（6）重点模块延展视觉分析。

7. 数据分析

数据既是页面内容的重要组成，又是设计的重要对象，其主要分析方法如下。

（1）统计页面或模块中的数据项。

（2）统计不同用户角色所应用的数据项。

（3）统计各竞品是否涵盖这些数据。

（4）分析数据的展现和排列形式。

（5）依据统计数量及公共资讯，分析数据重要性。

8. 运营分析

（1）分析用户活跃数据，如月活、日活，可通过艾瑞等数据分析平台查询相关数据。

（2）分析转化数据，如付费用户数、订阅用户数等。这类数据一般不公开，较难获得，上市公司的数据可从财报中获取。

（3）分析企业融资轮次和融资金额，可通过竞品官网或企业征信类产品获得相关信息。

（4）分析产品的盈利模式。

（5）分析产品的流量获取方式。

3.1.5　竞品分析产出

1. 需求维度

- 用户人群和需求。
- 产品开发分期依据。

2. 功能维度

- 产品合理的功能体系参考。
- 功能模块的重要性和优先级参考。
- 主功能的具体分析及分析结论。
- 导航菜单内该呈现哪些功能的建议。

3. 信息架构维度

- 给出导航模式的建议。
- 给出主要页面的信息架构设计建议。
- 给出重要信息的分布建议。
- 页面细节操作设计建议。

4. 数据维度

- 数据项必要性建议。
- 数据项重要性分析。

5. 产品细节设计

- 使用提示。
- 细节动效。

6. 其他

- 运营建议。

3.1.6 竞品分析报告撰写要求

1. 分析报告质量控制

（1）围绕竞品分析目的，全面分析竞品内容。

（2）对统计数据进行可视化设计分析。

（3）控制报告信噪比，去除冗余描述，减少次要信息，规避无关信息。

（4）要输出影响产品和设计的分析结论。

（5）根据分析目的调整报告内容。例如，调研学习型的竞品分析报告，描述性内容的占比可适当加大；指导设计的竞品分析报告，结论性内容的占比可适当加大。

2. 结论部分撰写要求

（1）每个分析模块都应该有结论。

（2）报告最后应该有单独的一章结论。

（3）结论是对功能、设计等具有点评性或概括性的表达。

（4）结论需要对设计提供有价值的指导，如怎么做不好，怎样做更好。

（5）可利用数字量化结论。

（6）对页面内容的单纯描述不是好结论。

3.2 主要干系人调研

一般来说，影响产品设计和需求的项目干系人主要包括企业领导、产品经理、技术经理、主力工程师、运营经理、项目经理。

交互设计师需要对这些干系人进行有针对性的调研，以得到目标产品的准确定位和分析。

1. 通过对企业领导的调研

- 了解该产品的核心价值。
- 围绕产品核心价值进行交互设计的思考和优化。

2. 通过对产品经理的调研

- 了解产品的详细目标及产品演进中目标发生的变化，在交互设计中，不应偏离产品目标，而应当将用户需求和产品目标结合设计。
- 通过对产品经理的调研和产品发展路线的梳理，了解产品生命周期中主要版本的功能及更新变化，并了解缘由。这可以帮助设计师明晰产品需求，避免在交互设计中走回头路，浪费时间和精力。
- 了解产品未来规划，让交互框架具备满足产品后续迭代的能力，如确保具备预留功能入口的空间，以降低设计和研发成本。

3. 通过对技术经理的调研

- 了解在本产品开发过程中遇到的技术困难和限制。
- 了解技术人员正在攻克的技术难关。
- 了解现有软件的技术风险。
- 了解开发资源的配置。
- 和技术经理一起探讨产品发展对技术的需求和挑战，以及重点功能的开发周期。

4. 通过对运营经理的调研

了解产品的运营需求，在真实产品设计中，要将运营需求合理地融入功能界面的架构中。

5. 通过对项目经理的调研

- 了解本阶段项目的排期和人力资源安排。
- 预估交互设计阶段需要花费的人力和时间，并与项目经理同步。

3.3 行业专家调研

通过真实用户调研产品需求是必要的、无可替代的。同时，行业专家调研也是一种对需求研究的有效补充。通过行业专家调研我们可以得到：

（1）行业市场现状。

（2）社会环境对行业的影响。

（3）科技进步对行业的影响。

（4）法规政策对行业的影响。

（5）行业历史发展。

（6）现有优秀行业产品。

（7）产品商业模式。

（8）产品发展的规划和展望。

（9）产品用户群体。

（10）产品典型使用情景。

（11）需求设计排期评估。

（12）产品中的重点功能，以及存在的问题。

（13）产品中的关键数据和资讯因素。

（14）对调研得到的多需求方案进行合理性判断。

（15）完善用户模型数据，如非正常情况、快捷操作等。

3.4　需求管理

交互设计师需要辅助产品经理和开发工程师进行需求管理。

3.4.1　定义需求范围

首先需要定义需求范围，框定工作内容，主要工作如下。

（1）标注一些不确定性高的需求，在设计过程中进行渐进明细的处理。

（2）排除不可执行需求。

（3）延期后续需求。

（4）需求优先级排序。

（5）复杂需求分解。

（6）确定本期产品需求清单。

（7）需求关系梳理。

（8）需求时间估算。

3.4.2　细化需求文档的撰写

详细的需求文档主要包括以下内容。

（1）项目背景介绍。

（2）目标用户。

（3）项目预期。

- 用户数据预期。
- 功能预期。

（4）项目计划（时间安排）。

- 功能设计开发时间预估。
- 各功能之间的关系。

（5）涉及平台，如手机客户端、网络管理端、后台服务器。

（6）项目风险，如延期风险、不可控因素、需求变更风险。

（7）功能需求，主要内容如下。

- 功能前置条件。
- 功能入口。
- 功能描述。
- 功能目标。
- 功能操作流程。
- 非正常情景，提示。
- 特殊情景，状态。
- 界面元素描述，包括字段、图片、按钮、控件、模块。
- 界面元素布局规则，包括展示规则、筛选规则、排序规则。
- 界面元素操作。
- 界面元素特殊说明。

3.4.3 需求跟踪

可以根据需求跟踪矩阵来跟踪需求。需求跟踪矩阵主要包括的属性如下。

（1）需求序号。

（2）需求描述。

（3）需求前置资源及制约因素。

（4）业务目标。

（5）项目目标。

（6）设计起始时间。

（7）设计持续时间。

（8）设计产出。

3.4.4 需求控制

1. 需求变更

需求变更大多由业务变化、不清晰或错误造成。当发生需求变更时，要多从业务角度思考，与产品经理讨论以下内容。

- 变更的是否合理？是否有必要？
- 与产品定位是否相符？
- 能给产品带来哪些好处？
- 如果不做变更是否可以？

需求变更应尽量控制在早期，越往后变更成本越高。

2. 需求走查

在完成交互设计方案之后需要交互设计师和产品经理对照需求，进行需求走查。评审完成的交互设计是否符合需求，如存在需求遗漏和冲突，应当提出进行交互设计迭代的方案。

第四章

信息架构设计方法

界面是由信息组成的。交互设计师得到详细的需求文档之后，需要梳理需求中与界面构成相关的信息，完成产品主要界面的信息架构。信息架构就是将需求信息进行合理的组织架构设计的过程。

信息架构设计主要包括：

（1）产品的模块导航设计；

（2）可操作功能的布局设计；

（3）界面信息的组织设计。

例如，要做一个体育直播 App 产品的交互设计，该 App 的主要功能有视频直播、新闻、充值等。做 App 的信息架构设计时就需要考虑直播、新闻、充值等功能如何组织，如何展示。其主要界面包括直播列表、直播视频界面、新闻列表、新闻详情、个人中心、付费等界面。以比较重要的直播列表界面为例：界面中包含的功能有加载更多、点击节目、预约等，包含的信息有体育节目类别、节目名称、时间、图片等。设计人员需要将这些信息和功能进行合理的组织和布局，这些都是信息架构设计要做的工作。

4.1　需求及其他资料的使用

4.1.1　产品需求中需要关注的内容

经过产品经理和设计师细化后的需求文档内容丰富详实，要完成产品的信息架构设计，需要关注产品需求中的如下内容。

（1）用户类型细分造成的不同用户使用产品中的功能差异和界面差异。

（2）功能的详细描述。

（3）功能的优先级和重要程度。

（4）功能的非正常情景及相关提示。

（5）功能流程所涉及的主要界面描述。

（6）界面元素描述，包括文本、图片、视频、按钮、控件、模块。

（7）界面元素布局规则，包括展示规则、筛选规则、排序规则。

（8）界面元素的特殊说明。将产品需求转化为信息架构设计时需要遵守如下原则：

①界面信息架构设计需要全面涵盖需求；

②需要准确地将需求转化为界面信息架构设计；

③做信息架构设计时应该对需求做出合理补充和调整。

4.1.2　其他资料中需要关注的内容

另外，设计人员也要关注以下其他资料和信息。

（1）产品主要竞品资料及竞品分析报告。设计师需要了解竞品发展及设计思路，吸取竞品优势，避免竞品缺陷。

（2）行业专家调研报告。设计师应该利用行业专家调研报告对界面信息架构需求进行专业角度的补充和细化，从专业视角理解需求。

（3）项目干系人调研报告。设计师需要对项目干系人有所了解，理解其中的技术需求、运营需求和战略需求，并在信息架构设计中体现。

（4）产品所处操作系统的用户体验设计指南，如 iOS 系统人机交互设计指南、Android 系统设计语言等。设计师在平台和操作系统上设计产品信息架构，需要遵循该平台的设计指南的基本要求。

（5）最新设计趋势。信息架构设计不需要设计高保真的视觉效果，但是需要跟随当前的设计风格，例如，在扁平化设计趋势下，就不要用拟物化的图标或背景，这会影响阅读交互文档的设计师的设计倾向。

（6）用户模型。设计师需要结合用户认知模型设计界面架构、优化界面细节。

（7）主流屏幕变化趋势。信息架构设计需要选择当前主流屏幕进行设计，同时上下兼容其他尺寸屏幕。在屏幕尺寸差异较大时，需要做跨平台设计。

4.2　草图设计阶段

草图设计是得到产品需求后在信息架构设计开始时首先要做的工作，其优点主要是快速、灵活。

4.2.1　草图的作用

（1）对一些不太清晰的需求，可以绘制设计师所理解的草图，然后和产品经理进行高效讨论。

（2）可以在讨论、调研和查阅资料后快速完成新的设计草案。

（3）可以快速完成主要功能模块的初步设计构想。

（4）可以完成多种设计思路的快速比较和决策。

4.2.2　草图展现形式

草图可以画在纸面上，如图 4.1 所示。

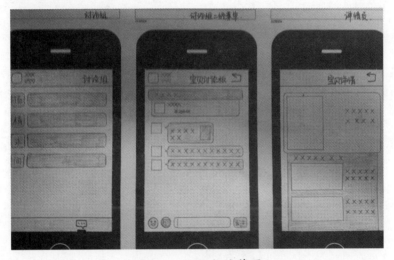

图 4.1　纸面上的草图

也可以画在白板等设备上，更便于擦写和调整，如图 4.2 所示。

图 4.2　白板上的草图

4.3 线框图框架设计阶段

草图阶段完成后，设计师对于主要界面有了初步认知，对于信息架构的设想也有了初步的草案。下面就需要对主要界面进行线框图框架的信息架构设计。

4.3.1 标准界面类型信息架构设计

对于常见的手机应用、网站应用、软件应用，应当参照相应的界面标准，对需求的内容和草图方案进行图形设计及文本布局。下面罗列了一些常见的页面布局，在构建这些类型的界面时，可以在这些界面布局的基础上进行拓展设计。

1. 常见移动应用页面信息架构布局

移动应用的主要页面分为三类：功能页、列表页、详情页。

- 功能页承载功能入口、信息导航和重要信息的展示，如应用的首页或各大功能的首页。
- 列表页起到详细信息摘要、信息条目排序、信息筛选的作用，便于用户选择详情查看。
- 详情页主要以信息查看为主，分为阅读区和操作区，阅读区主要承载信息的展示，操作区承载功能的操作。

这三类页面的代表性页面布局如图 4.3 所示。

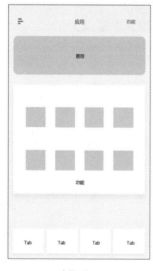  

功能页　　　　　　　　　　　列表页　　　　　　　　　　　详情页

图 4.3　三类页面代表性页面布局

2. 常见 PC Web 应用页面信息架构布局

PC Web 应用的主要页面分为两类：展示页和功能页。

- 展示类型页面主要应用在宣传性的官网，组成要素包括菜单、Banner、信息展示模块（宣传模块）、底部信息区（Foot），如图 4.4 所示。
- 功能类型页面布局的基本组成要素包括菜单、主内容区、辅助信息区（分支栏目）、底部信息区（Foot），如图 4.5 所示。

图 4.4　展示类型 PC Web 代表性页面布局

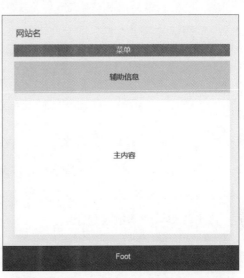

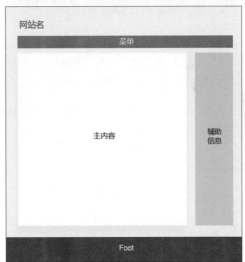

图 4.5　功能类型 PC Web 代表性页面布局

4.3.2　非标准界面类型信息架构设计

在信息架构设计中，有些界面是非标准的，如付款二维码界面、扫一扫界面。这类界面应特定需求而产生，没有标准规范（无法对这些界面进行规范化）。这类界面的设计也更考验设计师的信息架构能力，应对这类界面的设计需求，有如下准则。

（1）需求规则。按照需求文档设定的规则进行设计。

（2）一致性。相似模块间的结构需要有一致性。

（3）熟悉。采用用户熟悉的图像、隐喻、布局、控件及描述，让用户更容易理解和学习。

（4）友好。界面上的描述、提示、通知、引导的设计，应对用户友好，易于理解。

（5）相关。布局需要将相关的功能和模块进行聚类，让架构更有逻辑性，如 Office 系列软件不同标签的工具栏。

（6）分组。充分利用格式塔原则，将信息进行分组展示。

（7）认知负荷。界面信息的种类和数量不能超出用户的认知负荷。

（8）记忆。对需要用户短期记忆的信息，要符合 7±2 的信息记忆原则。

4.3.3　信息组设计及继承

页面由各种信息组构成，信息组是反映同种信息的数据集合。有以下两类比较常见的信息组。

1. 主体信息明确的信息组

例如新闻的评论信息组，包括用户头像、昵称、评论文字、评论时间、点赞数量等属性。这些数据的作用是不同的，例如：

- 信息主体——评论文字；
- 信息来源——用户头像、昵称；
- 信息补充——评论时间；
- 附属功能——点赞、点赞数量。

这种信息组的设计应该围绕并突出信息主体，关联信息主体和信息来源，在不明显的位置进行信息的补充，留一块单独位置放置附属功能，如图 4.6 所示。

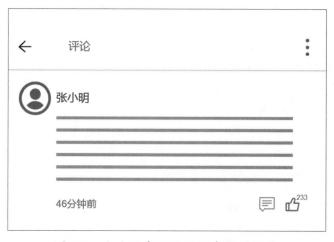

图 4.6　主体信息明确的信息组的设计

2. 无明显主体信息的信息组

例如购买机票的机票列表模块，包括了航空公司图标、名称、航班号、起飞时间、到达时间、飞行时长、起飞地、到达地、价格、折扣、机型等属性。设计这种无明显主体信息的信息组时，需要首先将更相关的信息属性进行结合，例如：

- 起飞时间结合到达时间；
- 起飞地结合到达地；
- 价格结合折扣；
- 航班号结合航空公司图标、名称。

然后再将这些结合信息进行整体布局设计，如图 4.7 所示。

图 4.7　无明显主体信息的信息组设计

信息组设计确定后存在继承性，在后续流程的页面和类似的同属性页面中，如果使用此信息组，应当保持信息组中信息和设计的稳定性。在一些渐进的页面结构中，信息组中的信息也可以是逐渐增多的，如列表—详情结构。

4.4　信息架构细化设计阶段

完成线框图框架设计之后，需要从各个角度细化主要界面的线框图方案，精确界面细节。

4.4.1　信息架构设计中视觉要素的表达

信息架构设计中视觉要素的表达不要影响视觉设计师的判断，主要要素及表达要求如下。

1. 风格

信息架构设计风格不与视觉风格冲突，如当前扁平化为主流设计趋势时，少用渐变和拟物图标作为线框图元素，如图 4.8 所示。

2. 色彩

- 不要使用太多颜色，以灰、黑、白色为主。

扁平化   非扁平化

图 4.8 信息架构设计的视觉风格

- 用色彩的明暗层次提升整体界面的美观度。
- 重点信息用大号字、加粗，或其他色彩醒目标出。

3. 图标

- 不要对图标进行创意，如图标库中有符合表达的图标可以直接使用，没有合适的可以用框加文字示意，然后由视觉设计师进行图形创意。
- 图标大小应符合实际界面比例，如图 4.9 所示。

图标大小适中   图标大小不符合实际界面比例

图 4.9 图标大小与实际界面比例

4. 控件

- 不要创造控件，尽量使用系统规定的标准控件，这样能节省较多的开发成本。
- 控件的大小需要符合实际控件比例。
- 手指点击设备和鼠标点击设备的最小可操作区域是不一样的，手指点击设备的操作区域需要设计得更大，让手指的点击操作出错率更低。

5. 文本

- 尽量将界面中的文本字号与实际设计字号保持一致。
- 行距和字距符合实际界面比例。

6. 排版

- 模块间的留白要适当，不能过松或过紧。如果出现在交互设计中需要呈现十行文字，但在实际产品中只能安排五行文字的情况，会给视觉设计师的视觉布局工作带来很大的设计困难。
- 同属性元素的排列要整齐。
- 同属性元素的间距要一致，如图 4.10 所示。

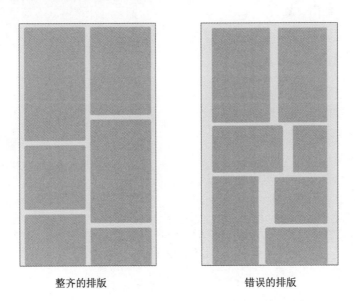

整齐的排版　　　　　　　错误的排版

图 4.10　同属性元素间距要求

4.4.2　文案优化

　　界面是由图形、文字和空白组成的。由文字形成的文案，对界面信息架构起到了非常重要的作用。用户需要阅读文案、理解文案，可以说用户使用软件的大部分时间是在与文案打交道。交互设计师需要对界面的文案进行专门的优化设计，体现在以下几个方面。

（1）称谓保持一致。例如，不能出现前面称你们、后面称我们这种情况。

（2）简洁。界面空间有限，用户的认知时间有限，行文尽量不啰嗦，要简洁、明确地说明问题，少用复杂句式。

（3）易懂。主、谓、宾语要完整，让用户能够轻易看懂文案表达的含义。

（4）必要。思考文字出现的必要性，某些文字可以用更易理解的图形来取代。

4.4.3　根据用户模型进行设计细化

交互设计师需要根据用户模型对界面信息架构进行相应的设计细化。

（1）用户属性。根据用户属性的不同，界面架构需要有一定的调整。例如，为做数据监控工作的用户设计表格页面时，表格行高值需要更小一些，这样屏幕内显示的信息更多，可同时处理的业务也更多，可以让工作更高效。

（2）用户情感。设计师需要分析用户使用这款产品时的心态和情感，是否急迫，是否放松，是否认真等。例如，设计娱乐产品的 App，用户的心情是轻松的，他们寻求及时的明星信息，并欣赏优美的明星主页。这时应减少界面中的信息区域，留出足够的空间由视觉设计师进行明星形象或代表性娱乐元素的修饰设计，如图 4.11 所示。

（3）用户认知。针对用户的认知水平，需要对界面架构做出调整。例如，为知识层次较高的用户设计某知识分享产品，则需要减少修饰，加重内容占比

图 4.11　符合用户情感的设计

和推荐属性。又如，为低龄孩子设计的界面，应该让元素更加图形化，减少信息干扰，突出主要信息。可以用用户普遍理解的图形化图标取代文字，减少用户的认知负担，如图 4.12 所示。

（4）用户使用情景。根据用户的特定使用情景，需要对界面信息架构进行细化。例如，新闻类型 App，为了便于用户在交通途中使用，将界面适当简化适应单手操作，并添加手势方便用户进行快速返回，示例如图 4.13 所示。

图 4.12　用户普遍理解的图形化图标取代文字

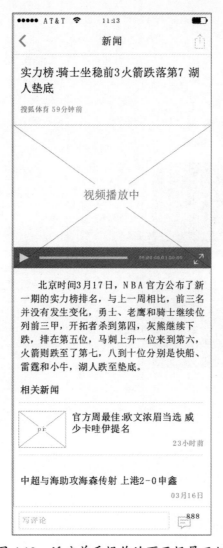

图 4.13　适应单手操作的页面场景示例

4.4.4　根据商业需求进行设计细化

交互设计师需要根据商业运营需求对界面信息架构进行相关的设计细化。

（1）需要为未启用的功能或即将启用的功能预留相关位置，可用虚化或蒙层的方式设计，如图 4.14 所示，这样的设计预报了产品的高阶功能或新功能，能够让用户在使用功能前就对其有初步认识。

（2）功能入口页面需要为商业运营预留可扩展位置，如图 4.15 所示，运营广告作为信息流元素，被植入在主页面功能内，并不显得突兀。

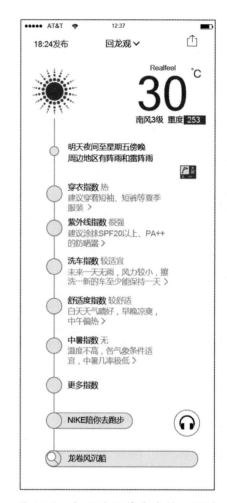

图 4.14　即将激活的功能样式　　　图 4.15　合理的运营广告植入设计

4.4.5　非正常状态界面设计

交互设计师需要对非正常状态界面进行设计，包括以下页面。

（1）未启用时的初始状态页面，引导用户下一步操作。

（2）内容为空、数据为空页面，需要给出提示，并引导用户重新查询或创造内容，如图 4.16 所示。

（3）断网页面，为减少用户焦虑应给出温馨提示，如图 4.17 所示。

（4）表单录入错误页面，应通过设计弱化用户挫败感，给出充分修改建议，如图 4.18 所示。

图 4.16　空页面设计

图 4.17　断网页面设计

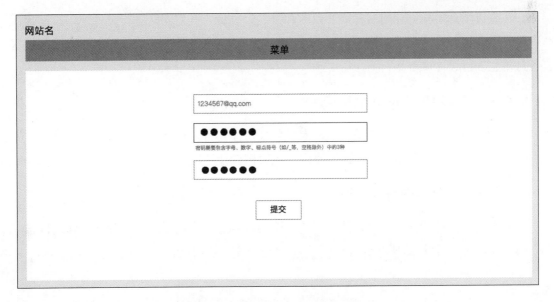

图 4.18　表单录入错误页面设计

（5）数据加载中的页面，应减轻用户等待的焦虑心理，给出分散用户注意的信息或动画效果，如图 4.19 所示。

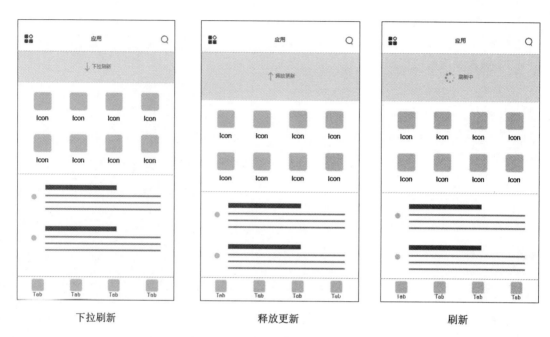

图 4.19　数据加载中的页面设计

4.5　设计评审

在完成信息架构设计之后，需要及时和产品、设计、开发团队进行设计评审。设计评审首先需要进行设计文档的撰写，然后由交互设计师进行设计阐述，继而由评审团队根据各自角色进行设计评审。

4.5.1　信息架构设计文档撰写

信息架构设计文档撰写需要涵盖的要素包括产品名称、设计师、目录、修改日志、界面分类、界面名称、界面状态、具体界面信息架构设计、设计说明、保密说明。

4.5.2　信息架构设计阐述

需要使用信息架构文档对设计进行详细阐述，阐述内容包括：项目背景、修改日志、界面设计描述、特殊设计说明、设计依据、多选方案、设计疑问。

4.5.3　设计评审要素

设计评审会的参与者主要包括产品经理、视觉设计师、交互设计师、开发工程师。

（1）产品经理的设计评审要素包括：

- 确定主界面架构方案；
- 确定多选方案中的合理方案；
- 判断信息架构设计是否涵盖需求；
- 回答设计师相关功能需求疑问；
- 明确部分不确定的需求细节。

（2）视觉设计师的设计评审要素包括：

- 信息架构设计风格是否影响视觉设计；
- 信息架构设计界面是否有视觉设计的发挥空间；
- 界面元素信息、比例、空间是否适当；
- 图标等图形阐述是否可理解。

（3）交互设计师的设计评审要素涵盖产品经理和视觉设计师的全部评审要素。

（4）开发工程师的设计评审要素包括：

- 功能设计的可实现性；
- 界面特殊状态是否全面；
- 开发难点预测；
- 后台数据体系构建评估。

第五章

交互流程设计方法

在完善了主要界面信息架构之后，交互设计师需要进行交互流程的设计。交互流程设计的工作主要包括：

（1）产品功能的业务逻辑设计；

（2）产品功能任务链流程设计；

（3）交互流程中的细节设计；

（4）交互原型的制作。

例如，要设计一个做消防巡查任务的流程，主任务包括任务入口查看、任务列表定位、任务详情浏览、任务细节工作、完成后的反馈。子任务包括任务列表的索引、任务列表筛选、做任务时的图片添加、视频添加、地理位置定位、企业二维码扫描等。

5.1 需求及其他资料的使用

5.1.1 产品需求中需要关注的内容

经过产品和设计师细化后的需求文档内容丰富详实，要完成产品的交互流程设计，需要关注产品需求中的如下内容。

（1）用户类型细分造成的流程差异。

（2）各功能入口规定，尤其是具有多入口的情况。

（3）功能前置条件，如电商平台购买商品的前置条件有一条是需要登录。

（4）各功能之间是否有交叉跳转，如预订机票完成结果页中出现租车功能入口。

（5）各功能流程的详细描述。

（6）分支流程及子流程的详细描述。

（7）流程的非正常情景及必要提示。

（8）功能流程所涉及的全部界面描述。

（9）界面元素操作，如视频详情页的播放控制、分享、评论、下载等操作。

将产品需求转化为交互流程设计有如下原则。

（1）交互流程设计需要涵盖全部功能入口。

（2）需要完成同一功能的各种不同路径的交互流程。

（3）需要完成功能间的交叉交互流程设计。

（4）需要完成界面元素的全部交互细节流程。

5.1.2　其他资料中需要关注的内容

另外，设计师也要关注以下其他资料和信息。

（1）产品主要竞品及竞品分析报告。设计师需要了解竞品功能的设计流程，吸取竞品优势，避免竞品缺陷。

（2）行业专家调研报告。设计师应该利用行业专家调研报告对流程的优选方案有一个侧面的判断。

（3）项目干系人调研报告。设计师需要对项目干系人有所了解，理解其中的技术需求、运营需求和战略需求，并在流程设计中体现。

（4）产品所处操作系统用户体验设计指南，如 iOS 系统人机交互设计指南、Android 系统设计语言等。设计师在平台和操作系统上设计产品交互流程，需要遵循该平台的设计指南的基本要求。

（5）用户模型。设计师需要结合用户行为模型设计交互流程、优化流程细节。

5.2　业务逻辑图设计

为了清楚表述产品内的复杂功能操作、逻辑判断、反馈，设计师需要通过绘制业务逻辑图的方式来清晰地说明。

5.2.1 业务逻辑图的构成

业务逻辑图的构成有如下几个要素。

（1）业务描述。来自于需求业务描述。

（2）用户角色。来自于用户模型和人物角色分析。

（3）用户行为。来自于需求和用户行为模型。

（4）行为判断。针对用户行为产生结果的判断过程，如表单填写提交后的格式判断，格式符合要求，完成提交；格式不符合要求，给出错误提示。

（5）行为结果。用户行为引发的界面变化：

- 通过用户行为出现的新变化；
- 用户行为出现的原有页面状态变化；
- 行为产生的反馈，如动效、声音、震动等。

（6）说明。针对复杂逻辑做出的补充说明。

（7）业务最终结果。

5.2.2 业务逻辑图的绘制

业务逻辑图的绘制有如下几点要求。

（1）写出业务或功能名称。

（2）按用户角色绘制每个角色的业务逻辑图。

（3）罗列全部功能入口。

（4）通过方框及内部文字描述页面和页面状态变化。

（5）通过连接线连接起始页面和结果页面。

（6）在连接线上标注操作行为。

（7）通过菱形框及内部文字描述操作行为的判断。

（8）通过虚线引申文字进行补充说明。

（9）线条之间尽量不要交叉。

（10）标记清楚新页面或本页面上出现的变化。

如图 5.1 所示为一款电商产品的开店逻辑图设计。

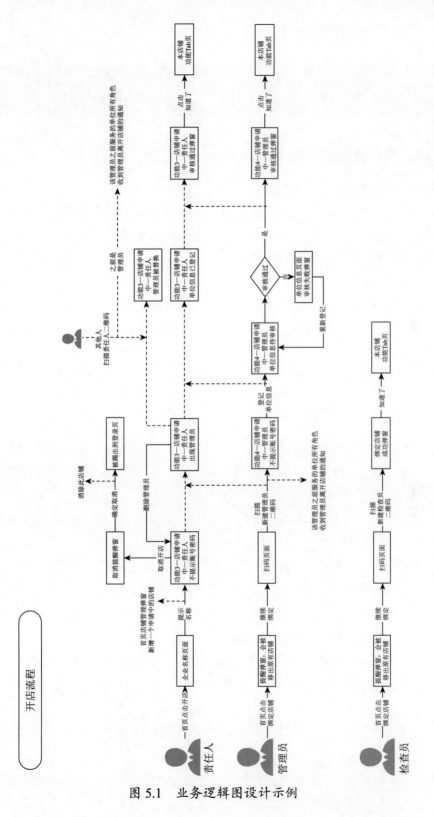

图 5.1　业务逻辑图设计示例

5.3 交互流程图设计

交互流程图设计是将界面信息架构设计和业务逻辑图结合的设计过程。通过界面、触发、连接线等元素串联整个流程，将每个流程中的界面变化都设计出来，最终形成交互流程图。

5.3.1 交互流程图的构成

交互流程图主要由以下要素构成。

（1）页面转换触发方式说明，包括点击、双击、长按、滑动、悬浮、手势缩放、右键、压力点击、摇一摇等。

（2）包含同类功能的产品模块分类。

（3）用户角色细分。

（4）产品功能。

（5）完成功能的任务链设计，包括任务入口、界面线框图、触发方式、逻辑判断、触发结果、文字说明。

（6）任务链中的分支子任务设计。

5.3.2 交互流程图的绘制

交互流程图的绘制有如下要求。

（1）划分产品功能模块，如聊天应用分为聊天模块、联系人模块、附属功能模块、个人中心模块等。将产品功能模块列为交互设计文档目录模块。

（2）分析模块中的任务，如聊天模块中的任务包括发起聊天、删除聊天、添加好友、搜索聊天记录等任务。

（3）分析任务中的子任务，如发起聊天中子任务包括发送表情、发送语音、发送图片、视频通话、查看用户信息、编辑用户信息、删除聊天记录、转发聊天记录等子任务。

（4）分析不同用户类型造成的任务区别，如 VIP 用户有无限下载图片的权限，普通用户在下载达到一定数量时会被禁止下载图片。

（5）确定使用的页面转换触发方式，如在移动应用里会用到点击、滑动、长按、手势等，在 Web 应用里会用到点击、悬浮、右键等。可以使用多种触发方式触发页面常用或重要功能。

（6）排列功能入口界面，在其上通过连接线，将触发操作的前、后两个页面或不同页面状态连接起来。

（7）触发后如果存在逻辑判断，增加逻辑判断菱形块及不同判断结果的界面。

（8）补充流程中的非正常界面状态。

（9）撰写每个页面下的页面说明、交互操作说明、信息架构说明。

（10）撰写版本建立 / 更新日志，包括确立内容、修改内容、设计师、修改时间。

交互流程设计示例如图 5.2 所示。

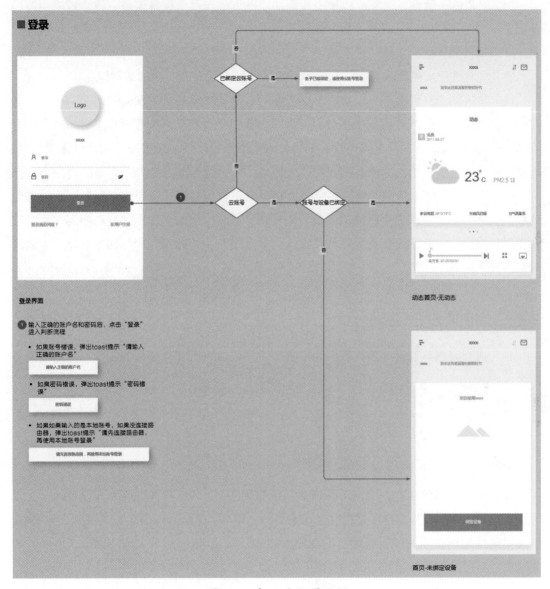

图 5.2　交互流程图示例

5.3.3　交互流程图中的细节设计

（1）反馈。每步操作都需要有反馈。常见的反馈有页面切换、页面动效、页面刷新、页面状态变化、弹出提示、弹出操作、声音、震动。

（2）对一些主流程设计可逆流程和操作，如消息撤回、删除文件恢复、订单撤销。

（3）熟悉。采用用户熟悉的流程，让用户更容易理解和学习，如手机应用中的选择照片流程，可参考或直接选用常见应用的选择照片流程。

（4）流程的一致性。对不同模块中出现的同类型的流程要保持流程一致，减少用户的学习成本和工程师的开发成本。如在预订机票和航班动态查询模块下都存在的机场选择流程，应该保持操作的一致性。

（5）文案优化。注意流程跳转过程中的提示，界面状态变化中的文案优化。

（6）默认值及默认状态。设计师需要考虑对一些选择控件给出默认状态，对一些输入控件给出默认值，如统计数据报表界面，需要为数据报表默认一个数据收集时间（一个月或一年等）；又如商品数量选择控件，可默认商品数量为1，这样能够减少用户的操作成本。当然，有些控件需要给出空值让用户自己去选填，如学历选择控件。

（7）跨模块跳转。跨模块跳转容易造成程序逻辑复杂，应在适当位置截断流程，避免流程过长，如电商应用在多次商品详情页跳转新产品后，点击两次返回自动回到首页。或在深度流程页面中放置返回首页的快捷方式，便于用户快速回到应用的初始状态，重新开始新的任务。

5.4　可交互原型制作

在完成交互流程设计之后，在需要的情况下可以进行可交互原型的制作。原型主要有两个作用。

（1）用于更直观的交互设计展示。

（2）用于产品的可用性测试。

5.4.1　大屏设备可交互原型制作

在交互设计的演示中，由于屏幕所限，无法将网站或 PC 软件这种大屏设备的交互设计直观地展示清楚，所以需要进行可交互原型的制作，以此作为辅助交互说明的必要手段。

当前常用的适于大屏设备的可交互原型制作工具是 Axure，其界面如图 5.3 所示，常用功能包括母版、控件动作、控件链接、动态面板。

5.4.2　移动设备可交互原型制作

移动设备受屏幕限制，页面更为简单，制作可交互原型并不是必要的。如果有复杂的移动应用展示或测试，也可以进行原型的制作。除了 Axure，还有几个常用工具可以使用。

（1）墨刀。拥有丰富的移动设备控件库和图标，可以快速创建界面元素间的触发方式以关联页面，也可以生成可交互的网页或 Android 应用用来演示，其界面如图 5.4 所示。

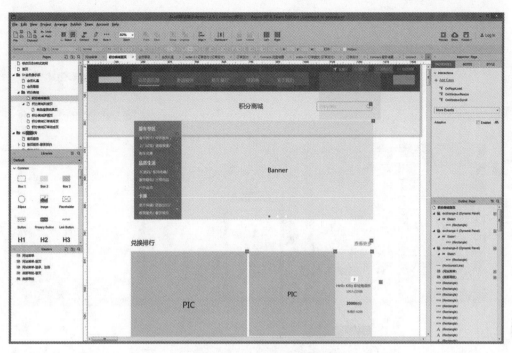

图 5.3　Axure 软件界面

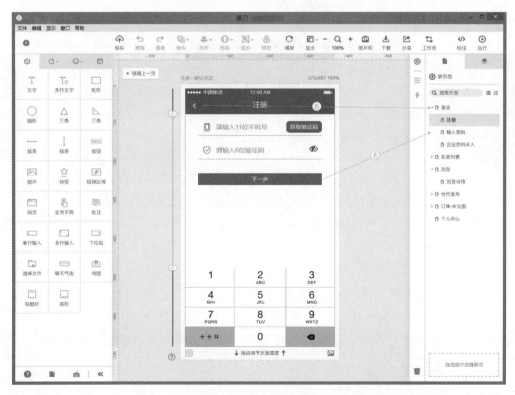

图 5.4　墨刀软件界面

（2）POP-Prototyping on Paper。一款制作原型的移动应用，可快速将交互草图、设计图转换为可跳转的原型，其界面和示例如图 5.5 和图 5.6 所示。

图 5.5　POP 软件界面　　　　　　　　　图 5.6　POP 原型示例

（3）PowerPoint 也可以利用页面间的热区链接跳转功能进行简单的原型制作。

（4）Principle。MacOS 系统下的可交互原型设计工具，可直接导入 Sketch 文件，操作简单，能快速制作出精美生动、逻辑简单的可交互原型。

（5）Origami。Facebook 公司开发的可交互原型设计工具，可直接导入 Sketch 文件，利用可视化编程的方式进行交互动效制作，可快速实现复杂逻辑下的交互原型，并可对动效进行调整。

5.5　设计评审

在完成交互设计之后，交互流程整体工作完成，需要和产品、设计、开发团队进行设计评审。设计评审首先需要进行交互设计说明书的撰写，然后由交互设计师进行设计阐述，继而由评审团队根据各自角色进行设计评审。

5.5.1　交互设计说明书撰写

交互设计说明书撰写需要涵盖的要素包括产品名称、设计师、设计思想、模块目录、修改日志、页面转化触发方式说明、软件模块引导、功能入口设计、功能任务链页面与流程设计、子任务页面与流程设计、特殊界面状态、详细设计说明、保密说明。

5.5.2　交互设计阐述

在评审过程中，需要由交互设计师使用交互设计文档对设计进行详细阐述，阐述内容包括项目背景、修改日志、界面元素描述、操作流程描述、特殊设计说明、设计依据、模块中需要进行讨论选定的多个方案、设计后仍存在的疑问。

5.5.3　设计评审要素

设计评审会的参与者主要包括产品经理、视觉设计师、交互设计师、开发工程师。

（1）产品经理的设计评审要素包括：

- 确定任务流程设计方案；
- 确定多选方案中的合理方案；
- 判断交互流程设计是否涵盖需求；
- 回答设计师相关流程疑问；
- 明确部分不确定的需求细节。

（2）视觉设计师的设计评审要素包括：

- 交互页面设计界面是否有视觉设计的发挥空间；
- 界面元素信息、比例、空间是否适当；
- 图标等图形阐述是否可理解；
- 设计说明是否详细、充足。

（3）交互设计师的设计评审要素涵盖产品经理和视觉设计师的全部评审要素。

（4）开发工程师的设计评审要素包括：

- 功能流程设计的可实现性；
- 开发难点预测；
- 开发时间预估；
- 后台逻辑体系构建评估。

第六章

可视系统平台交互设计方法综述

以屏幕可视界面为主要信息媒介的交互系统是现在的主流交互系统，包括手机、智能手表、PC、平板电脑、车载系统、智能电视、VR 系统等平台。本章将对这些屏幕大小不同、交互方式各异的可视系统平台进行交互设计方法的综合讲述。

6.1 手机端 App 交互设计流程及方法

手机端 App 产品有如下三个特点。

（1）App 承载的功能和内容越来越丰富，但由于界面空间限制，每个界面中展示的空间有限，导致流程相对大屏设备更长、更复杂，单页面同性质的信息流展示越来越重要。

（2）手机端最主要的两个系统（Android 和 iOS）都有相关的交互标准并具有一定区别。

（3）点击、滑动、长按、手势、语音，甚至摇动都可以作为交互输入方式，交互形式多样。

在进行手机端 App 交互设计时，交互设计师需要遵循以下几点。

- 选取合适的信息导航模式，引导用户顺利完成目标功能。
- 细化任务流程，保障交互逻辑的通畅性。
- 对主要页面的信息流做出详细设计。
- 遵循 Android、iOS 系统的特性，对导航、界面架构等进行详细设计。
- 对产品进行多通道的输入方式设计。

6.1.1 App 导航信息架构设计方法

导航是从地理空间中引入的概念，它关乎用户在空间中的移动，包含对象识别、探索和寻路三个方面。对象识别指理解并识别环境中的对象，信息标识设计是达到此目的的有效方法。探索是为了弄清楚某个或几个对象与周边环境的关系。寻路是为了导航到一个已知的目的地。在信息空间中，通过设计让用户明确以下几点是导航设计的重要目标。

- 从哪里来；
- 当前所在位置；
- 可去往哪些地方。

根据以上目标，可将 App 导航分为三大类别。

（1）表明操作路径的导航。

（2）表明当前位置的导航。

（3）表明去向的导航。表明去向的导航又可按照作用范围进一步细分为全局导航、次级导航、细节导航。

1. 表明操作路径的导航常用设计方式

（1）返回按钮。用户进入某个页面后，应该允许其能回到前一步。目前通用的做法是在页面左上角提供返回按钮。示例如图 6.1 所示。

图 6.1　返回按钮示例

（2）跳转至特定页面的按钮。对于一些任务链较长的流程，如购物、预定机票，其中间页面涉及表单的填写和订单支付，用户完成任务后，显然不适合再返回到表单填写或订单支付页面，此时可提供直达首页或相关页面的路径。示例如图 6.2 所示。

（3）分步操作指示器。对于较为复杂的任务流程，提供具有导航意义的分步操作指示器，可以让用户更明确地了解完成任务的路径，并形成对任务复杂度的预判，以降低用户因操作烦琐而中途放弃的可能性。示例如图 6.3 所示。

图 6.2　跳转按钮示例

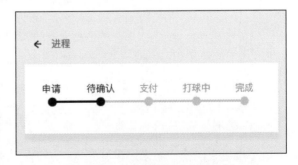

图 6.3　分步操作指示器示例

2. 表明当前位置的导航常用设计方式

（1）页面顶部的标题栏。

（2）区域性标题。利用分割线或卡片对信息分组后，有必要为该区域增加标题，以降低用户的认知负担，明确当前位置。示例如图 6.4 所示。

（3）页面指示器。提示当前所在位置的亮点或数字序号。示例如图 6.5 所示。

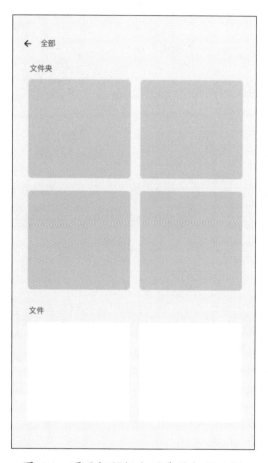 

图 6.4　页面标题栏和区域性标题示例　　　　图 6.5　页面指示器示例

（4）全局性缩略图。在基于地理位置的游戏中，通常会在屏幕上显示一张全局性的缩略地图，同时标注出玩家和一些关键据点的位置。示例如图 6.6 所示。

（5）侧边悬浮指示条。在查看图片的某些应用时，页面右侧会显示悬浮指示条，用户按住指示条后，可看到当前照片的拍摄日期，拖动该指示条则可定位到特定拍摄日期的照片。示例如图 6.7 所示。

3. 表明去向的导航常用设计方式

（1）全局导航。全局导航引导 App 产品的全局功能使用路径，主要有如下几种导航方式。

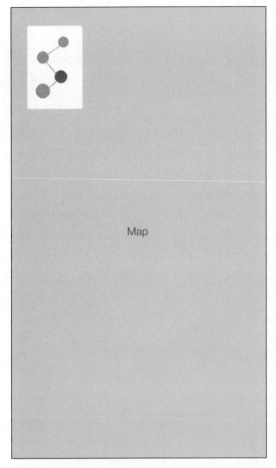

图 6.6　全局性缩略图示例　　　　　　　　图 6.7　侧边悬浮指示条示例

①底部标签（Tab）式导航。常见的标签个数为 3 ～ 5 个。如果需要承载的功能个数超过 5 个，可将最后一个标签设计为"更多"，将相对次要的功能入口收纳在点击更多后展开的页面中。示例如图 6.8 所示。

②顶部标签式导航。标签个数一般为两个及以上，顶部标签式导航对功能个数的限制较少，如果功能个数过多，可利用左右滑动或展开更多的形式容纳全部功能。示例如图 6.9所示。

③侧边抽屉式导航。对功能个数的限制较少，可上下滑动以容纳更多功能。示例如图 6.10 所示。

④宫格式导航。当主功能个数较多而又希望直接呈现时，宫格式导航是非常好的解决方案。示例如图 6.11 所示。

图 6.8　底部标签式导航示例

图 6.9　顶部标签式导航示例

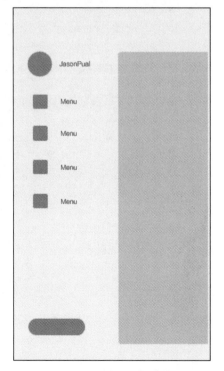

图 6.10　侧边抽屉式导航示例

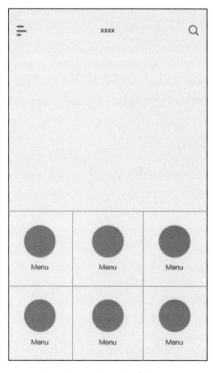

图 6.11　宫格式导航示例

⑤卡片式导航。考虑到用户短期记忆的局限性，功能个数过多时不适合采用卡片式导航。卡片个数为 3～5 个时，页面可用性和美观度较高。示例如图 6.12 所示。

⑥列表式导航。当功能较多并需要对功能进行详细介绍以引导用户使用时，列表式导航是一种合适的导航方式。示例如图 6.13 所示。

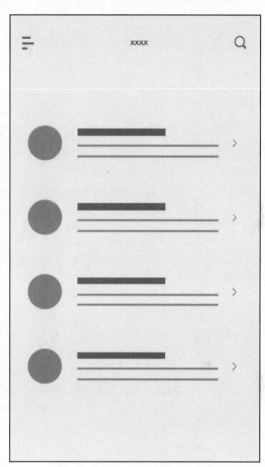

图 6.12　卡片式导航示例　　　　　图 6.13　列表式导航示例

（2）次级导航。根据信息的组织方式，可将导航分为以下几种形态。

①层次化导航。"设置"是层次化导航的典型例子。导航形态如图 6.14 所示。

②扁平式导航。扁平式导航适用于多种类别内容的切换，音乐类应用常采用这种导航形式。导航形态如图 6.15 所示。

③内容驱动式导航。内容驱动式导航多用于沉浸式体验的产品类型，如游戏类 App。导航形态如图 6.16 所示。

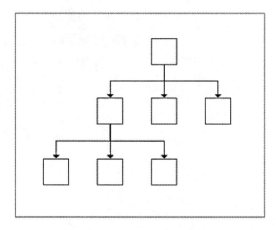

图 6.14　层次化导航形态

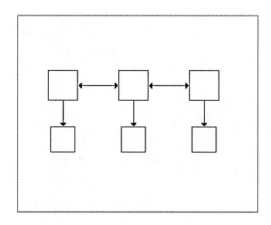

图 6.15　扁平式导航形态

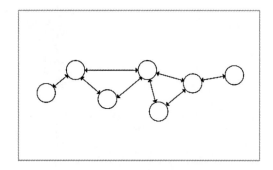

图 6.16　内容驱动式导航形态

（3）细节导航。细节导航可让用户快速找到想要的内容。

①通信录右侧的字母索引允许用户迅速定位和查找联系人。示例如图 6.17 所示。

②小说目录允许用户迅速跳转到特定章节。示例如图 6.18 所示。

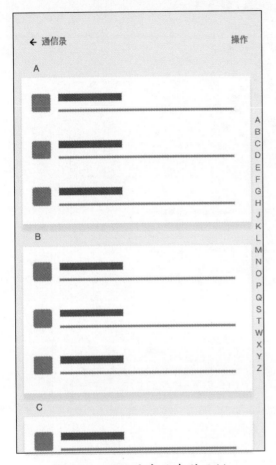

图 6.17　通信录字母索引示例　　　　图 6.18　目录导航示例

6.1.2　App 单页面信息流设计方法

App 的单页面信息架构相对大屏幕界面来说更为简单，而近年来的产品发展趋势更多倾向于体现内容的丰富性而不是复杂的交互模式，因此信息流的设计成为 App 设计的重点。

1. 常见的信息流形态

信息流主要指具有相同属性的一类或几类信息在时间或空间上的集合。信息流的应用非常普遍，常见的信息流样例有朋友圈、微博、新闻资讯、知识问答、短视频、相册、邮件、笔记、对话、消息通知等。

2. 信息流的特点

（1）有一定的排序规则。按时间、按热度、按推荐算法排序等。

（2）具有一定的时效性。

（3）可能有多种内容来源：来自普通用户发布、来自官方发布、来自网红或大 V 发布、来自第三方渠道。

（4）可能有多种内容样式：视频、图片、文本、直播等。

3. 从信息流对时间的强调程度上分类

（1）突出时间轴的信息流设计。示例如图 6.19 所示。

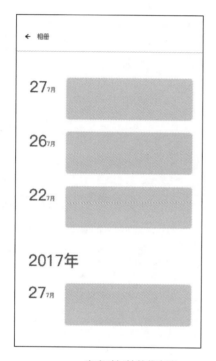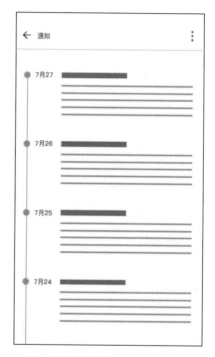

突出时间轴的信息流 1 　　　　突出时间轴的信息流 2

图 6.19　突出时间轴的信息流设计示例

（2）忽略时间轴的信息流设计。

4. 从信息流的元素组成上分类

（1）纯文本的信息流。设计元素主要有信息来源、标题、摘要或部分正文、时间等，不同的产品会强调不同的元素。

①强调来源的信息流，如邮件、短信会强调发件人。示例如图 6.20 所示。

②强调标题的信息流，如笔记、系统通知。示例如图 6.21 所示。

③强调操作的信息流，如音频播放列表、股票加自选列表。示例如图 6.22 所示。

（2）纯图片的信息流，如相册、视频，有以下常见的布局类型。

①相同尺寸的图片矩阵排列，多为三四张图片一行。示例如图 6.23 所示。

②多种尺寸的图片矩阵排列。示例如图 6.24 所示。

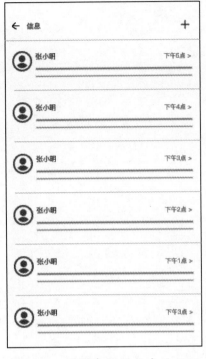

图 6.20 强调来源的信息流示例

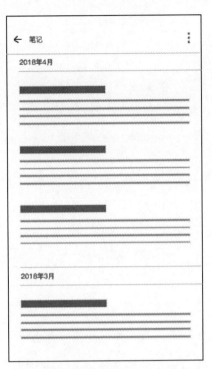

图 6.21 强调标题的信息流示例

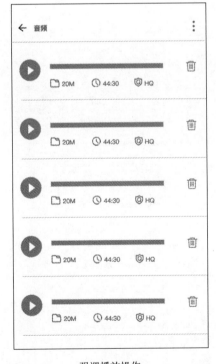

强调播放操作

强调添加操作

图 6.22 强调操作的信息流示例

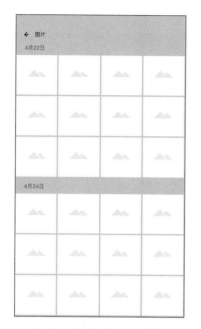 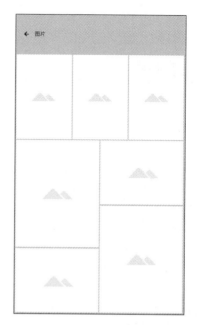

图 6.23　相同尺寸的图片矩阵排列示例　　图 6.24　多种尺寸的图片矩阵排列示例

（3）图文结合的信息流，可细分为以下几种。

①强调文字的图文结合信息流。资讯、问答等应用常采用强调文字的设计形式，其配图可以有一张，也可以有多张。示例如图 6.25 所示。

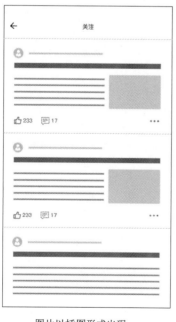 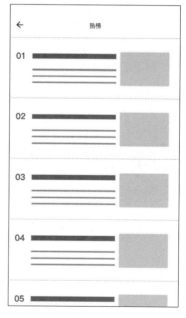

图片以插图形式出现　　　　　　　　　　图片靠右

图 6.25　强调文字的图文结合信息流示例

 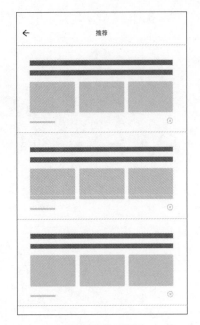

图片靠左   突出标题的三张图

图 6.25 强调文字的图文结合信息流示例（续）

②强调来源和文字的图文结合信息流。示例如图 6.26 所示。

图 6.26 强调来源和文字的图文结合信息流示例

③突出图片的单图信息流，常见于以图片为主的社交、视频等应用。示例如图6.27所示。

突出图片的社交应用　　　　　　　　　突出图片的视频等应用

图 6.27　突出图片的单图信息流示例

④突出图片的宫格式信息流。示例如图 6.28 所示。

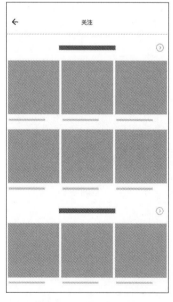

突出图片的宫格式信息流 1　　　　　　　突出图片的宫格式信息流 2

图 6.28　突出图片的宫格式信息流示例

（4）视频信息流，可细分为：

①沉浸式全屏视频信息流。示例如图 6.29 所示。

②预览型视频信息流。示例如图 6.30 所示。

图 6.29　沉浸式全屏视频信息流示例

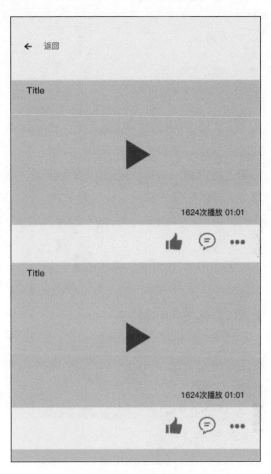

图 6.30　预览型视频信息流示例

6.1.3　App 搜索设计方法

常见的搜索流程如下。

（1）到达搜索入口。

（2）点击搜索框。

（3）进入输入状态。

（4）输入信息。

（5）点击搜索按钮。

（6）进入搜索结果页面。

常见的搜索交互流程如图 6.31 所示。

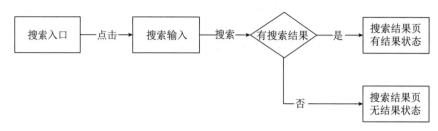

图 6.31　常见的搜索交互流程

随着网速的提升、AI 的发展，这个标准流程也在逐渐缩短，减少用户的操作步骤，提高使用效率。例如在某些产品中，用户输入搜索结果后无须点击搜索按钮即可直接匹配搜索结果；或者用 AI 智能给出用户的目标关键词，减少输入。

1. 搜索入口

不同产品的搜索功能优先级各有不同，因而形式也各有不同，常见的搜索入口有以下几种。

（1）页面显要位置的搜索框，常见于搜索引擎类应用。示例如图 6.32 所示。

（2）页面顶部的搜索框。示例如图 6.33 所示。

（3）页面顶部的搜索图标。示例如图 6.34 所示。

（4）页面上的行为召唤按钮（call to action button），目的是吸引用户搜索，如果设计不当可能会被用户忽略。示例如图 6.35 所示。

（5）位于页面底部标签栏上的搜索入口，点击该标签后会进入以搜索为主的页面。示例如图 6.36 所示。

图 6.32　页面显要位置的搜索框示例

图 6.33　页面顶部的搜索框示例

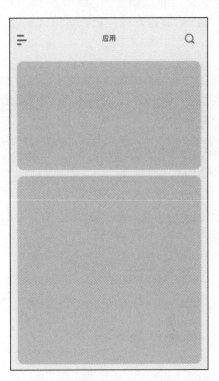

图 6.34　页面顶部的搜索图标示例

图 6.35　搜索行为召唤按钮

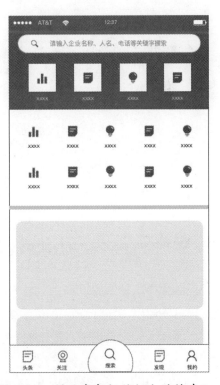

图 6.36　页面底部标签栏上的搜索入口

（6）隐式搜索框，下拉后出现在页面顶部，如 iOS 系统自带的备忘录。示例如图 6.37 所示。

下拉前搜索框隐藏   下拉后显示搜索框

图 6.37　隐式搜索框示例

（7）矩阵式细分搜索入口。这种搜索形式又被称为垂直搜索，点击某个垂直搜索入口后会直接进入搜索特定类别信息的输入页面。示例如图 6.38 所示。

（8）需输入多个条件的表单搜索，常见于机票预订等应用。示例如图 6.39 所示。

2. 搜索输入

搜索输入页面可分为两个状态：输入前和输入后。输入前可在当前页面显示搜索历史，热门搜索等；输入后可提供联想词，甚至进行智能推荐。用户进入搜索输入页面时，键盘应该自动弹出，此时应避免重要信息被键盘遮挡。

在本页面的输入过程中，搜索框下键盘之上会有较大的空间，这是留给我们发挥的设计空间。常用的设计样式有如下几种。

- 搜索历史、联想词等以列表形式出现。示例如图 6.40 所示。

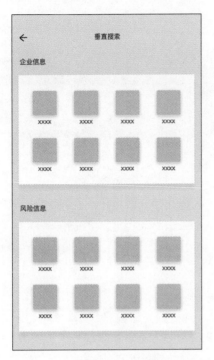

图 6.38　矩阵式细分搜索入口示例

图 6.39　表单搜索示例

输入前提供搜索历史

输入后提供联想词

图 6.40　列表形态的搜索历史、联想匹配结果示例

- 搜索历史、热门搜索词等以标签形式出现。示例如图 6.41 所示。
- 显示输入的快捷选项。示例如图 6.42 所示。

图 6.41 标签形态的搜索历史、热门　　　图 6.42 具有快捷输入选项的搜索页示例
　　　　搜索结果示例

- 具有图文信息条目的联想匹配结果。示例如图 6.43 所示。

此外，对输入的字段具有特定要求时，可以通过以下方式避免无效输入。

- 采用选择而非输入。
- 在必须输入的情况下提供联想匹配结果，只有当用户点选系统匹配出的联想结果后，才能完成搜索输入。

3. 搜索结果

（1）搜索结果样式。常见的搜索结果页面形式如下。

- 单一类别信息的搜索结果，如专门搜索机票、酒店、新闻等。示例如图 6.44 所示。
- 多种类别信息的混合型搜索结果。示例如图 6.45 所示。
- 基于地图的搜索结果。示例如图 6.46 所示。

图 6.43 联想匹配后的图文信息条目示例

图 6.44 单一类别信息的搜索结果示例

图 6.45 混合型搜索结果示例

图 6.46 基于地图的搜索结果示例

（2）搜索结果要素。搜索结果页面包含的常见设计要素有：排序、筛选、分类、结果总数、导出数据、智能推荐、相关搜索、搜索框。

（3）搜索结果中的排序。排序是帮助用户快速选择搜索结果的有效手段，常见的有按照价格、时间、评价、销量、信用等排序。常用的排序设计形式如下。

- 固定于屏幕底部的排序按钮。示例如图 6.47 所示。

排序按钮——按时间排序　　　　　　　　　　排序按钮——按价格排序

图 6.47　屏幕底部排序按钮示例

- 覆盖于页面上方的排序浮层。示例如图 6.48 所示。
- 带排序箭头的表头。示例如图 6.49 所示。

图 6.48　覆盖于页面上方排序浮层示例　　　图 6.49　带排序箭头的表头示例

（4）搜索结果中的筛选。搜索结果的分类层级较多、类别划分较细时，可为用户提供筛选功能，以快速锁定想查找的对象。常见的筛选设计形式如下。

- 在页面中提供一个筛选按钮或图标入口，点击后弹出筛选浮层。示例如图 6.50 所示。
- 在页面的恰当位置直接展示出筛选条件。示例如图 6.51 所示。
- 在搜索结果列表内适当位置插入智能推荐。示例如图 6.52 所示。

Tab 切换式筛选浮层　　　　　　　　平铺式筛选浮层

图 6.50　　筛选浮层示例

图 6.51　页面顶部筛选条件示例

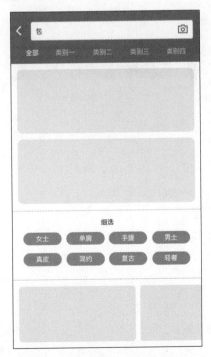

图 6.52　智能推荐筛选示例

6.1.4 App 控件设计方法

用户界面的控件是向用户提供视觉反馈或让用户进行特定交互操作的一组界面元素。在交互设计中采用合适的控件能为用户提供稳定的使用体验，并有效提高设计效率。iOS 系统的人机界面设计指南定义的 App 界面常用控件如下。

1. 旨在提供反馈的控件

- 文本标签；
- 页面指示器；
- 进程指示器；
- 刷新控件。

2. 旨在提供交互操作的控件

- 按钮。示例如图 6.53 所示。

图 6.53　按钮样式示例

- 编辑菜单。示例如图 6.54 所示。

图 6.54　编辑菜单样式示例

- 滑动条。示例如图 6.55 所示。
- 开关。示例如图 6.56 所示。

图 6.55　滑动条样式示例

图 6.56　开关样式示例

- 分段控件。一般用于展示不同的视图。示例如图 6.57 所示。
- 文本框。示例如图 6.58 所示。

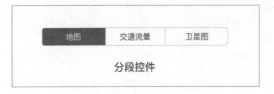

图 6.57　分段控件样式示例　　　　　图 6.58　文本框样式示例

- 步进器。示例如图 6.59 所示。

图 6.59　步进器样式示例

- 选择器。示例如图 6.60 所示。

3. 渐隐提示框（Toast）

Android 系统的渐隐提示框控件也是常见的用于提供反馈的控件，该提示框超时后会自动消失。示例如图 6.61 所示。

4. 渐隐式控件条（Snackbar）

Android 系统的渐隐式控件条与渐隐提示框类似，均可为用户提供反馈信息，并在超时后自动消失，其独特之处在于：

- 用户在屏幕其他位置的交互行为会促使渐隐式控件条消失；
- 渐隐式控件条可提供操作按钮，如撤销刚发生的操作或重试先前失败的操作。示例如图 6.62 所示。

5. 选择器

（1）普通元素选择。

- 可选对象个数较少时，可采用滚轮式选择。
- 可选对象个数较多时，更适合采用全页面的列表式选择。
- 支持复选时，应采用列表式选择。示例如图 6.63 所示。

（2）时间选择。

- 选择时间点，可采用滚轮或日历式选择。示例如图 6.64 所示。

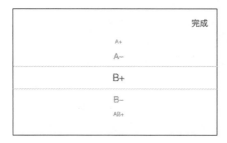

图 6.60　选择器样式示例

图 6.61　渐隐提示框控件样式示例

图 6.62　渐隐式控件条样式示例

图 6.63　列表式选择示例

日期选择：滚轮式

日期选择：日历

图 6.64　日期选择

- 选择时间范围，可分步完成选择，或连续完成选择。示例如图 6.65 所示。

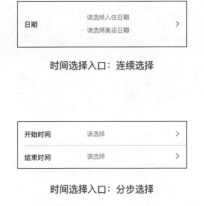

图 6.65　时间选择

6. 系统弹窗

弹窗是为用户提供反馈和交互操作的重要元素，iOS 系统人机界面设计指南中将弹窗定义为视图而非控件。示例如图 6.66 所示。

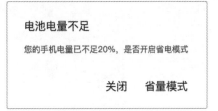

图 6.66　系统弹窗示例

6.2　小程序交互设计方法

小程序是微信、支付宝等平台产品中内嵌的第三方应用程序的统称。因为其不需要下载安装即可使用的特性，具备了极快的访问速度。小程序的出现极大地丰富了应用产品的使用场景，简化了产品开发难度，逐渐与手机本地 App 具备了各自不同特性的使用场景。小程序的交互设计方法与手机 App 基本一致，其主要的差异如下。

（1）小程序的 Title 栏右侧位置需要放置小程序公用的展开菜单。

（2）小程序的消息推送功能较弱，设计这种功能时需要使用微信或支付宝平台的固定模板消息。

（3）为了达到快速启动、简明交互的目的。小程序的交互设计应当减少操作层级，削减非重要元素和功能。

（4）导航结构以底部 Tab 栏或首页模块形态为主。

（5）其他架构、流程及细节交互设计可参考手机 App 设计部分。

小程序 Title 栏及导航示例如图 6.67 所示。

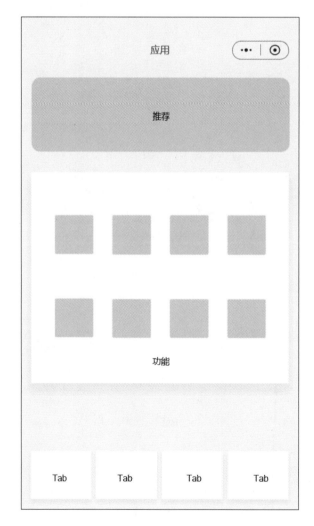

图 6.67　小程序 Title 栏及导航示例

6.3 Watch 交互设计方法

6.3.1 手表等极小屏幕交互设计基本原则

手表等极小屏幕的设计基本原则就是轻交互原则，包括如下内容。

（1）功能简单。与手机 App 配合呈现，只将 App 中的最重要功能在手表端呈现。

（2）信息维度单一性。每个界面只显示一组信息，这组信息中需要重点显示一两个重要信息。

（3）快速便捷。通过不同手势滑动、按压、点击、手腕动作就可以完成基本的查看、浏览、确认等操作。

（4）避免复杂输入和操作。

（5）常用命令可采用语音控制。

6.3.2 Apple Watch 设计指南

由于屏幕限制较大，设计细节需要严格遵守设计指南要求，下面以 Apple Watch 的设计指南为例进行讲述。

1. Glances 设计

Glances 是应用的最重要信息在手表中的集成展示，其设计要求如下。

- 不可滚动。所有内容必须位于单个屏幕中。
- 信息设计中需要遵守 7±2 信息量原则，以 1 ～ 3 条信息为重点信息，其他信息为辅助信息。
- 点击跳转。点击 Glances 上任何地方均可打开应用程序。

Glances 示例如图 6.68 所示。

图 6.68　Glances 示例

2. 通知设计

在 Apple Watch 屏幕上，向下拉，用户将看到通知列表，与 iPhone 一样，包括未接来电、信息、应用通知等。用户可以点击查看信息，也可以通过扫滑将信息从屏幕上抹去。Apple Watch 的通知分为短通知和长通知，这两种通知形式都有比较准确的规定，设计师应当按照设计指南组织文案和操作命令，文案应尽量简短并突出重点。

通知设计示例如图 6.69 和图 6.70 所示。

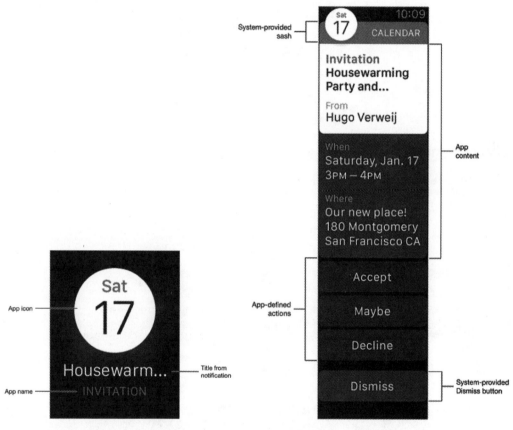

图 6.69　短通知设计示例　　　　图 6.70　长通知设计示例

3. 应用信息架构布局设计

- 使用整屏宽度，无须考虑屏幕边缘和内容之间的留白。
- 文本或列表元素靠左对齐。
- 每个界面中只突出一个或一组重点信息。

4. 色彩设计

- 应尽量使用黑色作为 App 的背景色。黑色的背景可以和设备的边框无缝融合，软硬件整体性更高。

- 文本应使用高对比度的颜色，让文本更加清晰易读。

5. 按钮设计

- 图标按钮。并排放置的按钮数量不能超过 3 个。界面中包含多个项目会让用户因可点击目标过小而不便操作。

- 文字按钮。应使用整屏宽度的文字按钮，确保按钮文字可见。按照设计指南规定，需要有默认圆角。

6. 列表设计

- 列表条目可支持多行内容展示。

- 应对列表中的重点显示数据进行加大或高对比度的颜色设计。

- 列表左侧数据应左对齐。

列表设计示例如图 6.71 所示。

7. 开关设计

开关设计类似 iPhone 应用控件，示例如图 6.72 所示。

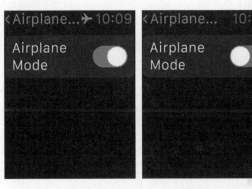

图 6.71　列表设计示例　　　　　图 6.72　开关设计示例

8. 滑杆设计

- 滑杆可设计连续或离散进度条。

- 滑杆应使用水平轨道。

- 尽量不显示具体滑杆数值。

滑杆设计示例如图 6.73 所示。

9. 特殊操作

- Force Touch。相当于给同一界面赋予一个快捷操作菜单。在特定界面中，只要手指用力按压屏幕，这个快捷菜单就会浮现。这样做既可保证界面布局的简洁完整，也不影响单手指操作的效率。

图 6.73　滑杆设计示例

- Digital Crown。通过快速拨动数字表冠，用户可以在不同 App 和层级界面中进行浏览和进行 Zoom-in-and-out 式的缩放操作，进一步提升了交互的空间层次感。

- Apple Watch 不支持多手指手势，如捏合操作。

6.4 PC Web 端交互设计方法

PC Web 端的产品具有如下特点。

（1）以鼠标和键盘为主要交互输入方式，交互形式灵活。

（2）需要支持的分辨率差异大，要在各种不同大小的屏幕分辨率下展示内容。

（3）单页面功能往往比较复杂，界面信息量较大。

在进行 PC Web 端交互设计时，交互设计师需要对产品界面信息进行合理架构布局，要重视图表和表格这两个重要元素的设计，在操作流程设计中注意及时给予用户反馈，同时要明确按钮、输入框等元素的操作状态。

6.4.1 PC Web 界面信息架构设计方法

1. 菜单设计

常见 PC Web 菜单主要分为两种形式。

- 菜单位于界面上部。
- 菜单位于界面左侧。

菜单的设计要点如下。

（1）对于需要经常使用的菜单，可以设定菜单固定在顶部或常驻左侧不随页面滚动而消失。

（2）位于界面上部的菜单因为宽度有限，适用于主功能较少的产品或系统；而侧边栏菜单可向下扩展，没有明显的数量限制，所以比较适用于主功能较多的产品或系统。

（3）二级菜单一般采用悬浮展开的形式，可进行更丰富的设计，不用拘泥于文字类型的菜单罗列。其他形态的图形化菜单、矩阵菜单、快捷功能菜单，都可以参考到设计中去。

2. 导航设计

页面间的导航可以让用户知道当前页面在系统中所处的位置，起到了重要的定位作用。需要从以下几个方面保障导航的合理设计。

（1）预留返回上一级和返回主页的入口。

（2）加亮显示当前页面所属的一级菜单，表明页面所处的菜单从属关系。

（3）每个页面需要有页面名称，一般位于页面上部。

（4）短交互流程中需要采用面包屑导航，表明流程的点击路径，例如"<u>一级功能</u>→<u>二级功能</u>→本页面"。

（5）长交互流程中的页面需要用到导航条，表明该页面所处的交互步骤及后续流程，示例如图 6.74 所示。

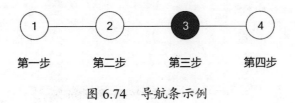

图 6.74　导航条示例

3. 页面内容布局设计

页面内容主要分为平铺和收纳两种布局方式。

平铺式布局是按照页面内容的优先级和重要性进行的由上至下、由左至右的内容布局。这种设计方式是较为常见的网站页面的布局方式。

当页面内容丰富甚至过多时，可以采用以下几种交互方式进行内容的收纳。

（1）抽屉结构。示例如图 6.75 所示。

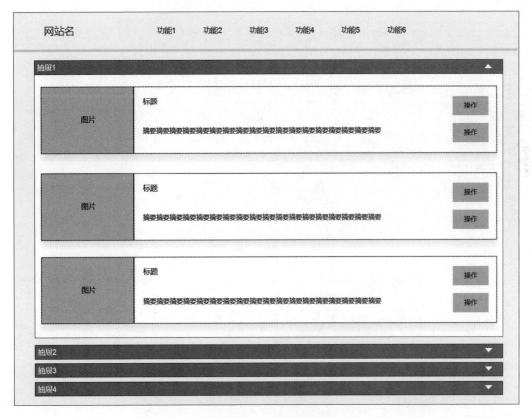

图 6.75　抽屉结构示例

（2）Tab 结构。示例如图 6.76 所示。

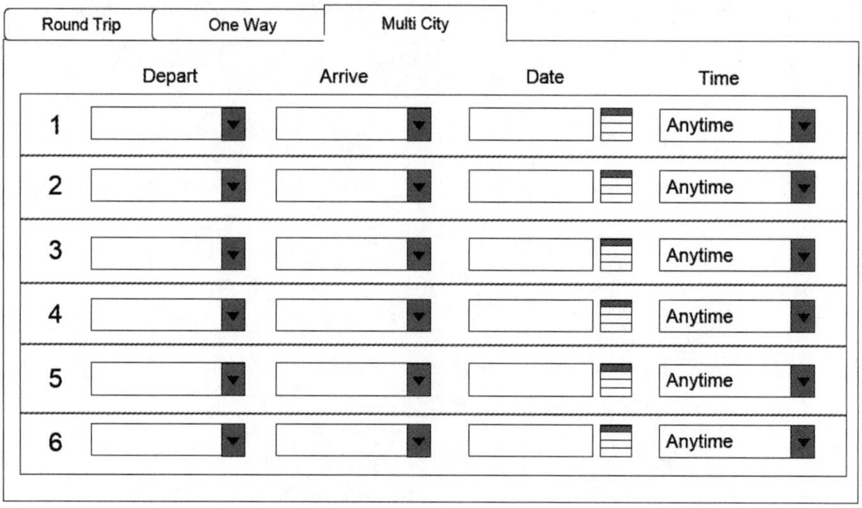

图 6.76　Tab 结构示例

（3）翻页结构。示例如图 6.77 所示。

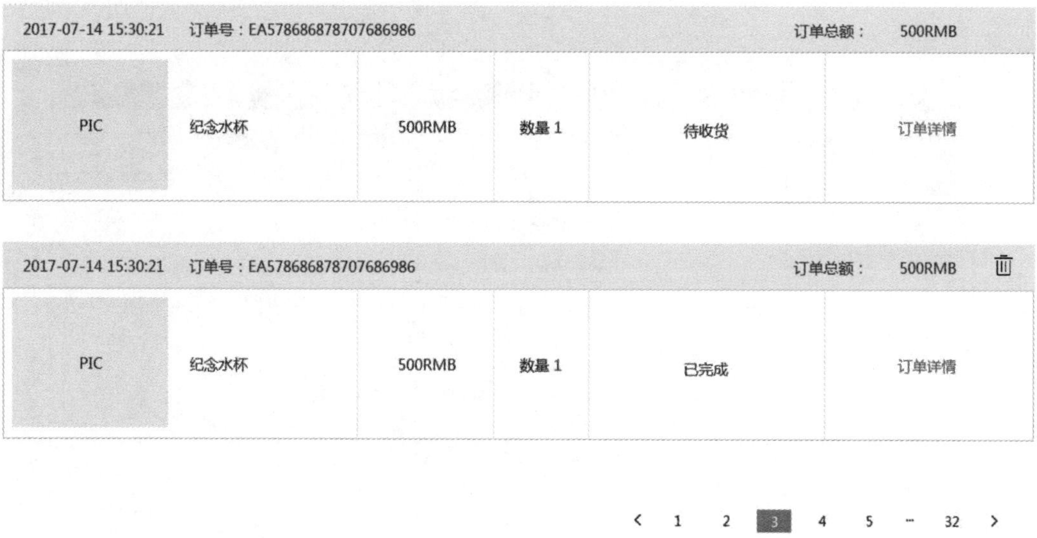

图 6.77　翻页结构示例

6.4.2　PC Web 界面中的图表设计方法

1. 图表设计概述

　　图表设计是 PC Web 交互设计中的重点，它既是界面中的信息和视觉重心，又承担着信息归纳、提取、展示等作用。我们需要从图表类型、元素组成、数据表达等方向了解图表的设计方式。通过图表设计，可以对枯燥的数据进行加工，并直观、细致地表达出来。图表设计目的如下。

- 定类因素枚举。
- 根据时间维度展示数据走势。
- 根据地理位置展示数据分布。
- 根据数据值对因素进行排名。
- 展示因素在整体中的占比。
- 展示因素的同比、环比变化。
- 展示各因素值和均值对比。
- 展示两组因素的相关性。

按照有无坐标系，我们可以将 PC Web 图表分为以下两类。

（1）坐标系图表，如柱形图、折线图、散点图、箱型图等。图表形态如图 6.78 所示。

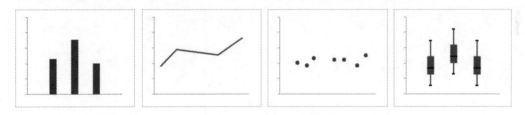

图 6.78　坐标系图表形态

（2）非坐标系图表，如饼状图、热力图、关系图、基于地图控件的图表等。

2. 坐标系图表概述

常见坐标系图表的元素构成如图 6.79 所示。

进行坐标系图表设计时，需要注意以下几点。

（1）图例。当图表中有多种数据类别时，需在图表中设计图例。

（2）数据查询条件。数据查询条件可以控制数据展示范围、数据类别等，可满足用户在不同任务下的数据筛选需求。

（3）数据元素悬浮窗。为了让数据更加丰富生动，可设计数据元素悬浮窗，在悬浮窗中设计元素相关的更多数据；也可以在悬浮窗中增加链接，点击后可打开新页面，查看更丰富的数据详情。

（4）坐标轴刻度划分。当数据中的最大值相对于最小值的倍数不超过十倍时，较为合理的方式是刻度等分。这样相同长度的坐标轴代表的数值大小相同，便于确定差值，也更符合用户的阅读习惯。当倍数超过十倍时，则需要考虑按照等比的形式划分刻度，2 和 10 是常用的等比值，这样相同长度的坐标轴代表的数值倍数相同。通常情况下，这样的坐标轴被称为对数轴，适用于表达范围较广的数据。两类坐标轴刻度划分示例如图 6.80 所示。

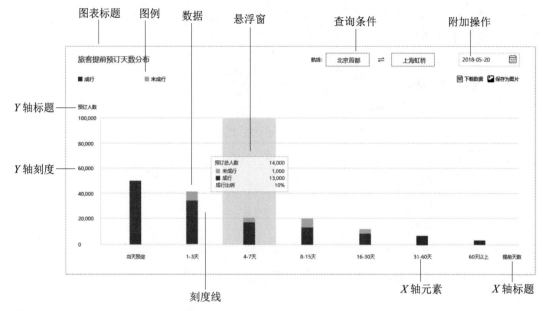

图 6.79　常见坐标系图表元素构成

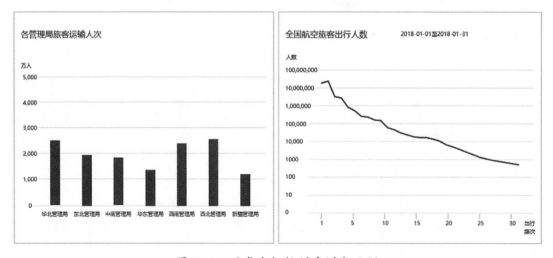

图 6.80　两类坐标轴刻度划分示例

3. 坐标系图表——柱形图

柱形图能利用高度直观地体现数值大小，若要强调一组因素中数据值的大小，则应该选用柱形图作为主要表达方式。柱形图也是使用频率最高的图表形式，可用于表达因素的具体数据值、因素数据值排名、频数分布等。

柱形图有以下几种特殊表达形式。

（1）横向柱形图。当变量因素较多或变量名较长时，可采用横向柱形图进行数据展示。示例如图 6.81 所示。

图 6.81　横向柱形图示例

（2）负值柱形图。在表达增长率等包含负值的数据时，柱形图可进行负向数据的展示。示例如图 6.82 所示。

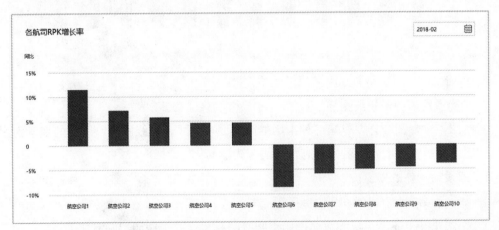

图 6.82　负值柱形图示例

（3）对比柱形图。对比柱形图可同时展示多组数据的对比分布。示例如图 6.83 所示。

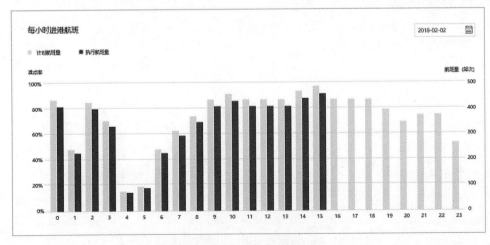

图 6.83　对比柱形图示例

（4）柱状堆积图。当用户既希望了解总体值，又希望了解各分项值时，可采用堆积图的表达形式。柱状堆积图也可反映各分项值的大致占比。示例如图6.84所示。

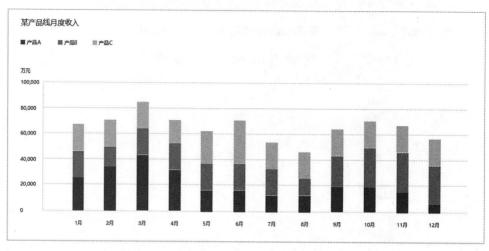

图6.84　柱状堆积图示例

4.坐标系图表——折线图

折线图与柱形图一样，也是一种常用的图表展现形式，折线图可以展示的变量因素比柱形图更多。折线一般采用横向形态，可用于表达：

- 因素的具体数据值；
- 数据趋势，包括未来数据预测；
- 不同条件下多条折线的对比，如不同时间段对比、不同用户间对比等。

折线图有以下几种常用表达形式。

（1）趋势图。主要用于表达数值在定序变量上的变化情况，一般横坐标为时间变量。示例如图6.85所示。

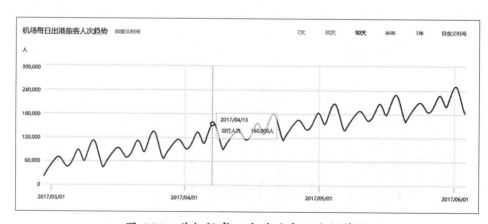

图6.85　某机场每日出港旅客人次趋势图

横坐标也可以定义为路线等具有序列性质的变量，如图 6.86 所示，表达的是某航路上途经点的飞行高度变化趋势。

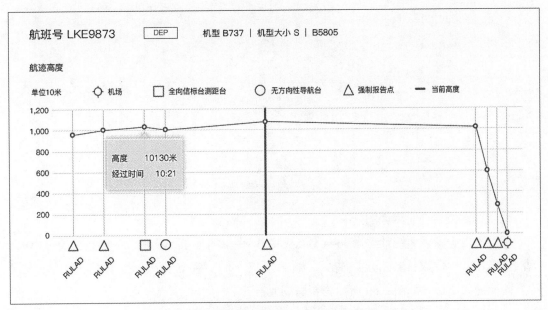

图 6.86　某航路途经点飞机高度变化趋势图

（2）对比折线图。图表上的多条折线可展示多组数据的对比分布。示例如图 6.87 所示。

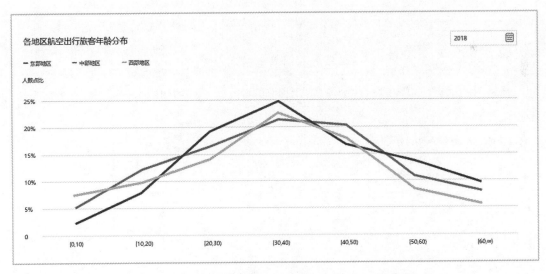

图 6.87　不同地区的旅客年龄分布对比折线图

5. 坐标系图表——散点图

散点图主要用于表达两个因素的相关性。它可以同时利用 X 轴和 Y 轴两个维度进行数据特征的描绘，另外结合点的大小和明暗度还可表达更多数据维度。当数据量过大时，可能出现散点重叠的现象，这时候可通过散点的半透明设计或空心设计避免重叠干扰。如图 6.88 所示为反映航空公司航班准点率和航班数量相关性的散点图，左图表明两个因素零相关，中图表明两个因素为较强的正相关，右图表明两个因素为较强的负相关。

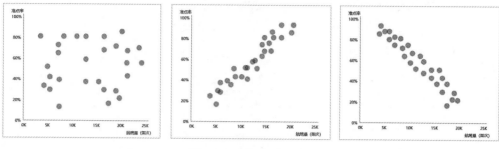

图 6.88　散点图示例

6. 坐标系图表——箱型图

箱型图由美国著名统计学家 John Tukey 发明，一个图形单元反映了一组数据的最小值、下四分位数、中位数、上四分位数和最大值。与柱形图一致，箱型图也可以根据需求表现为横向或纵向图形。如图 6.89 所示为箱型图元素。

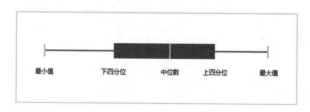

图 6.89　箱型图元素

箱型图的优点是可同时对比因素的多种维度的数据。示例如图 6.90 所示。

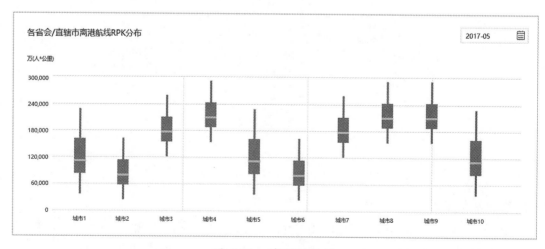

图 6.90　箱型图示例

7. 非坐标系图表概述

非坐标系图表的形态各异，需要依情况选用合适的图表。常见的非坐标系图表有以下几类。

（1）表达整体中的个体数据分布情况，常见如饼状图和环形图（如图 6.91 所示）。

（2）表达多维数据的对比，常见如雷达图（如图 6.92 所示）。

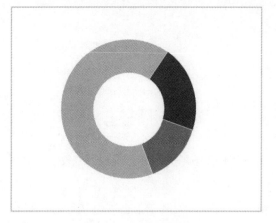
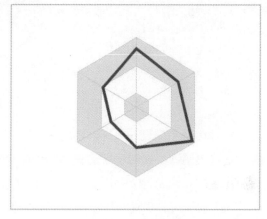

图 6.91　饼状图示例　　　　　　　　图 6.92　雷达图示例

（3）表达分类、定性关系或粗略的数量关系，常见如关系图、热力图、漏斗图。示例如图 6.93 所示。

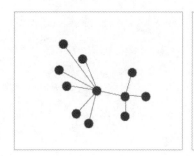
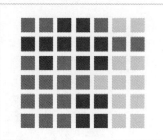
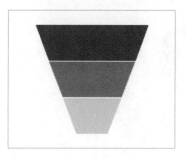

图 6.93　关系图、热力图、漏斗图示例

（4）基于地图控件表达数据情况的图表，有以下几种常见的数据形式。

- 表达数据类别在地理空间上分布的图形，如气候区划图、云图、地形图等。
- 表达数据数值在地理空间上分布的图形，如人口密度图、收入分布图等。
- 表达数据流动方向和流量的图形，如风向图、台风路径图、人口流向图等。

示例如图 6.94 所示。

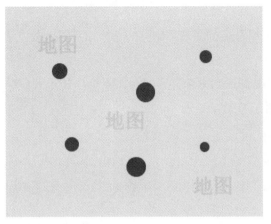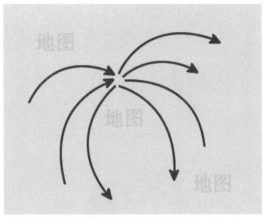

图 6.94　基于地图控件的图表示例

8. 非坐标系图表——环形图或饼状图

这一类图表主要用于表达整体中个体数据的分布情况。在进行环形图或饼状图设计时，需要注意以下几点。

（1）由于人的知觉对角度大小和弧形长度认知不敏锐，当两个数据数值接近时，很难从图形上判断数值大小。这时需要填写具体数值，便于用户对比数据大小。

（2）由于环形图的空间限制，当数据种类较多时，图形无法完全显示数据，此时可用柱形图辅助表达。环形图与柱形图显示整体百分比对比如图 6.95 所示。

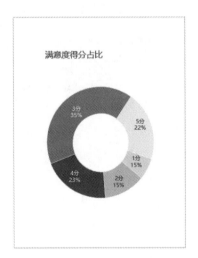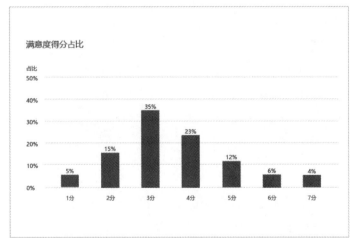

图 6.95　环形图与柱形图显示整体百分比对比

9. 非坐标系图表——雷达图

雷达图又称蛛网图，适用于表现某个或几个对象多个因素的实际值和参照值的偏离程度。雷达图的效果直观，设计美观清晰，如图 6.96 所示。

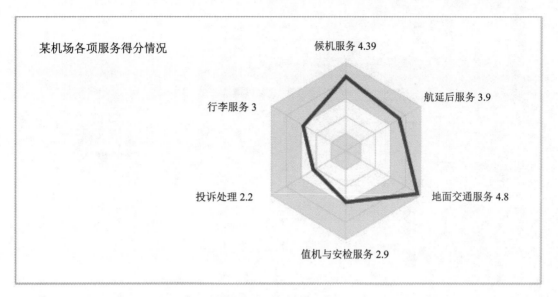

图 6.96　雷达图示例

10. 非坐标系图表——关系图

关系图中较为常见的是树状图和网状图。

（1）树状图可以按层级分类和从属关系表达元素和数据，当类别过多时可将树状图设计为放射状态。示例如图 6.97 所示。

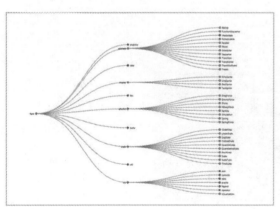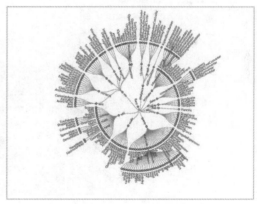

图 6.97　树状图、放射状态图示例

（2）缺少核心联系的信息关系可以形成网状图。如图 6.98 所示，芝麻信用在展示企业投资关系时利用了网状结构，其中每个点代表一个公司或人物，线则代表各对象间的资本投资关系。

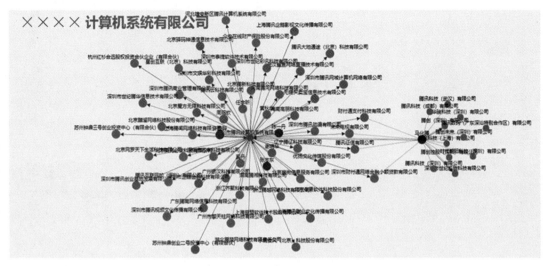

图 6.98　网状图示例

11. 非坐标系图表——基于地图形态的图表

为了图形化地表达基于地理位置的数据，可以用地图直观展示各区域下的信息分布情况，可以利用以下形式进行图表设计。

（1）用色彩灰度或色彩亮度表达元素数值大小。如图 6.99 所示为使用不同亮度的色彩表示人口密度大小。

图 6.99　人口密度分布示意图

（2）用元素的面积大小表达元素数值大小。如图 6.100 所示为使用圆的面积大小表达航班延误数量。

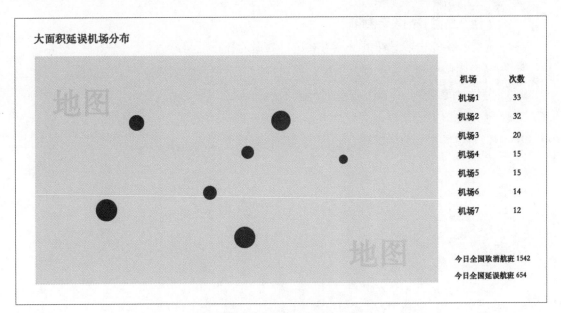

图 6.100　航班延误数量示意图

（3）用专业符号表达数值，如利用等高线表达地形高度。示例如图 6.101 所示。

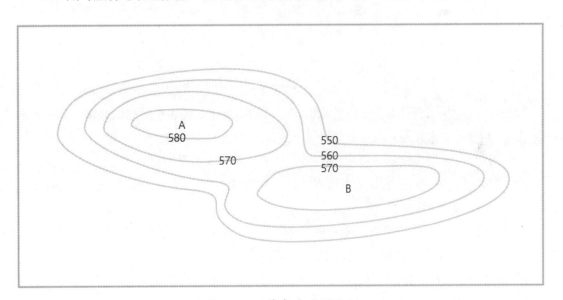

图 6.101　等高线地图示例

（4）此外，当地图上的数据随时间发生位置或数值的变化时，可进行动态信息的展示，例如：

- 表达气候变化的云图；
- 表达道路拥挤程度的交通流量图；
- 表达噪声强度的环境图。

12. 其他一些图表的设计细节

（1）充分利用点击或悬浮的交互方式进行数据的补充说明。

（2）通过图例控制数据的展示情况，如用户点击图例可隐藏或显示某些数据。

（3）提供时间控件，以选择某些时间范围内的数据。

（4）通过突出主要信息、弱化次要信息来优化图标的信息表达。在如图 6.102 所示的柱形图中，可将并不重要的一组柱状图信息弱化为刻度线的表达方式。

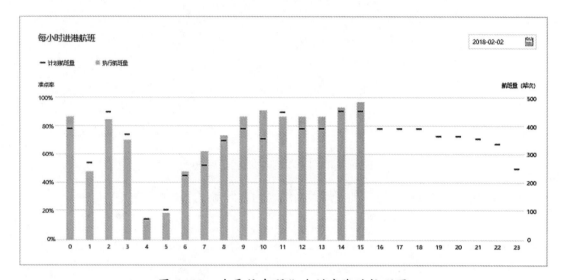

图 6.102　次要信息弱化为刻度线的柱形图

（5）在图表设计中引入参考性的数值，可帮助用户建立图表中数据的整体认识，掌握数据差异水平等。常见的参考性数值如下。

- 集中量，用于描述一组数据的中心，常见的集中量有平均值、中位数、众数。
- 差异量，用于表示数据的离散程度，常见的差异量有全距、四分位距、百分位距、方差、标准差。
- 相关量，用于描述两组变量变化方向的关系，有正相关、负相关、零相关三种关系。零相关表示两组变量没有任何相互影响。

如图 6.103 所示，在柱形图中增加一条平均值参考线，即可直接判断出不同因素数值与平均数的偏差情况。

6.4.3　PC Web 界面中的表格设计方法

1. 表格设计概述

一般来说，多因素的数据组适合用表格的形式来展现，再结合数据查询、排序、浏览、数据操作等需求，可组成整体的表格展现形式。表格的布局结构主要分为功能区、表头、数据、底部。示例如图 6.104 所示。

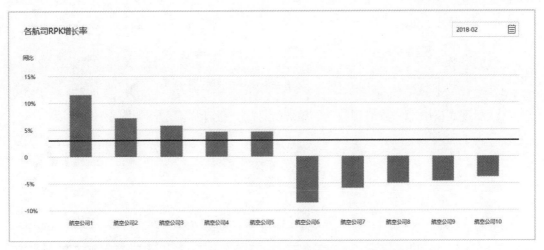

图 6.103 通过参考线的设计向用户传递有价值的信息

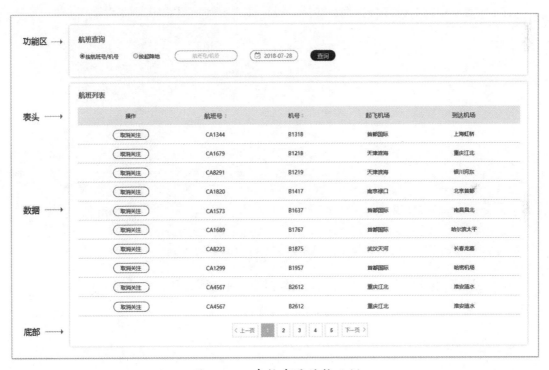

图 6.104 表格布局结构示例

2. 功能区部分设计

功能区中的主要要素设计样式列举如下。

（1）展现表格中的特殊状态的图例，如图 6.105 所示。

图 6.105　表格中的特殊状态图例

（2）展现表格中部分数值型数据的整体统计值。设计样式示例如图 6.106 所示。

图 6.106　部分表格数据的整体统计值示例

（3）对表格中的数据进行查询或筛选。设计样式示例如图 6.107 所示。

图 6.107　查询和筛选功能区示例

（4）要新建、编辑或删除一组数据，其数据编辑功能区设计样式示例如图 6.108 所示。

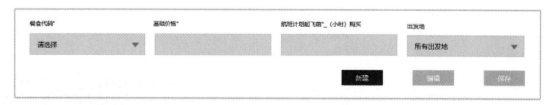

图 6.108　数据编辑功能区示例

3. 表头部分设计

表头由各列数据的标题组成，由于各列数据间的相互关系，表头样式可能为单行或多行。如图 6.109 所示为多行表头的示例。

各地区户数、人口数和性别比											单位：户、人
地区	人口数										
	合计				家庭户				集体户			
	合计	男	女	性别比(女=100)	合计	男	女	性别比(女=100)	合计	男	女	性别比(女=100)

图 6.109　多行表头示例

常见的表头功能设计有以下几种。

（1）排序。排序的一般设计方法是在表头字段后设计上下箭头。箭头分激活和非激活两种状态，用来表达排序的选择状态。设计样式示例如图 6.110 所示。

航班号	正常率 ▲	航线 ⇅	机号 ⇅	计飞 ⇅	预飞 ⇅	实飞 ⇅	计达 ⇅	预达 ⇅	实达 ⇅
CA1351	60%	PEK--CAN	B1638	18:00	18:00	--:--	20:00	20:20	--:--
CA1295	65%	PEK--CAN	B1397	18:00	18:00	18:00	20:00	20:20	20:30
CA791	71%	PEK--TSE	B1399	18:00	18:00	--:--	20:00	20:20	--:--
CA1409	73%	PEK--SHA	B1417	18:00	18:00	--:--	20:00	20:20	--:--
CA1833	85%	PEK--SHA	B1458	18:00	18:00	--:--	20:00	20:20	--:--

图 6.110　可按字母顺序或数值大小进行排序的表头示例

（2）筛选。通过点击含有下拉箭头的表头字段，展开筛选条件。设计样式示例如图 6.111 所示。

近三个月订单 ∨	订单详情	收货人	金额	待收货 ∧	操作
				全部	
				待付款	
				✓ 待收货	
				已完成	
				已取消	

图 6.111　带有筛选功能的表头示例

（3）列顺序调整。一般通过长按鼠标左键并拖动表头字段来实现。

4. 数据部分设计

表格数据区域可以按元素组成分为以下几类。

（1）行数据选择框。选择框可分为单选框和多选框。在支持多选的情况下，可在列表顶部或底部设计一个具有全选功能的选择框，以支持用户一键选择或取消选择全部列表项。

（2）文本字段。文本字段一般左对齐或居中对齐，如有金额等应设计为右对齐。

（3）链接。包含更详细数据或深层交互的字段时可进行链接化设计，在点击链接后弹出的新页面中，可设计后续数据的浏览或操作流程。

（4）图片。多出现于订单类的数据表中。设计样式示例如图 6.112 所示。

	订单摘要		金额	订单状态	操作
2017-07-14 15:30:21	订单号：EA578686878707686986				
PIC	致驾科技套餐 A 套餐有效期：12个月	续费号码： 18492589502	￥950　　￥1900	已完成	查看详情

图 6.112　附带图片的表格示例

（5）图表。可以在数据中包含一些简易图表。设计样式示例如图 6.113 所示。

品种名称	当前价格	涨跌	日度	年至今	今日走势
小麦	2892.36	15	7%	-101%	5.32 ↑
石油	2892.36	15	7%	-101%	5.32 ↑
大豆	2892.36	15	7%	-101%	5.32 ↑

图 6.113　附带趋势图表的表格示例

（6）行数据操作。对行数据的操作可直接在表格中体现，也可以通过鼠标悬浮出现。设计样式示例如图 6.114 所示。

	iCloud	您的iCloud储存空间剩余容量已不足10%-获取更多空间，安全地储存所有内容。尊敬的…	9月5日
	iCloud	您的iCloud储存空间剩余容量已不足10%-获取更多空间，安全地储存所有内容…	
	Google	您的账号密码被更改了-您的账号密码被更改了 尊敬的Jenifer，您好！您的Google账号…	7月26日

图 6.114　附带行数据操作功能的表格示例

此外，表格数据部分的其他一些设计规则如下。

- 当数据为空时，要注意避免出现空白单元格，可用"--"表示没有数据。
- 单元格内字段过长显示不下时，可在结尾处显示省略号，鼠标悬浮后再显示更多信息。如果可点击字段或条目进入详情页，则不需要此悬浮功能。

- 可利用单元格背景颜色传递数据信息，如国内的金融类产品数据用红色背景表示上涨，用绿色背景表示下跌。

5. 底部设计

表格底部主要用于设计表格的分页加载，也可采用滚动到底部自动加载的方式替代分页加载。

6.4.4 提示的信息架构类型及设计方法

1. 弱提示设计

弱提示为不影响阅读或操作的提示形式，主要分以下几种形态。

（1）提示数秒后消失。这种提示一般为某些操作完成后的非重要信息的提示，多以半透明提示框的形式出现，内含文本和图标，二三秒后消失。设计样式示例如图 6.115 所示。

（2）常驻提示。一般置于页面顶部或底部的不显眼区域，以文字形式显示提示信息。设计样式示例如图 6.116 所示。

 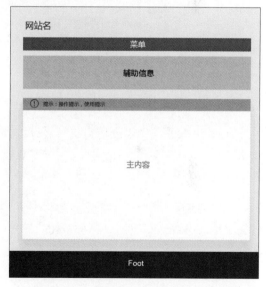

图 6.115　操作完成的弱提示示例　　　图 6.116　页面中的常驻提示示例

（3）控件内提示。常见的方式是在控件的按钮中，通过文字或图形变换显示加载状态。设计样式示例如图 6.117 所示。

2. 强提示设计

在一些情况下，系统需要用户对提示信息做出直接的指示或让用户等待，这种情况下的提示信息称为强提示信息，主要分以下几种形态。

（1）操作完成强提示。一般为重要的操作完成后的提示信息，以弹出框的形式出现，内含文本、图标和确认按钮，点击按钮后提示消失。示例如图 6.118 所示。

图 6.117　按钮中的登录提示示例　　　图 6.118　操作完成强提示示例

（2）确认提示。一般为重要操作前的确认提示，以弹出框的形式出现，内含文本、图标和确认按钮。点击按钮后提示消失并执行命令。示例如图 6.119 所示。

（3）操作进行中提示。一般为保存、加载等操作的执行情况进行提示，以进度条或动画进行系统操作指示，直至操作完成。示例如图 6.120 所示。

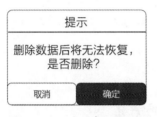

图 6.119　确认提示示例

图 6.120　操作进行中提示示例

6.4.5　PC Web 控件设计方法

PC Web 端系统中需要重点进行设计的界面控件包括按钮，文本框，下拉框，树状结构，翻页、Tab、滚动条等其他控件。下面分别讲述这些控件的设计方法。

1. 按钮

用户点击按钮后，系统会打开新页面，弹出菜单或窗口，或实现更丰富的功能。按钮的主要样式有纯文本按钮、图标按钮、图片按钮。

交互设计师需要为按钮的各种交互状态进行定义及设计。

- 标准态。按钮未发生交互时的标准状态。
- 点击态。鼠标点击按钮时的状态，按钮可能发生变色或位移，也可能不发生变化。
- 悬浮态。鼠标悬浮于按钮时，可让按钮高亮，也可弹出对元素的解释说明、缩略图等。
- 长按态。按钮长按操作比较少见，但部分按钮在长按后可进行拖动以调换按钮位置。
- 不可点击态。此时按钮一般为灰色，鼠标停留之上时，按钮不发生变化，点击无效果。

2. 文本框

交互设计师需要为文本框的不同交互状态进行设计。

- 初始状态。初始状态下的文本框为非激活态，内部存在浅色的提示信息。

- 输入状态。输入状态的文本框框体被激活，出现闪动的光标，在输入信息后，提示信息消失。对于多行的文本框，当输入内容行数大于限定文本框高度时，需要设计自动出现的纵向滚动条。
- 错误状态。错误状态下的文本框一般呈现红色提示色，并出现错误情况描述。

示例如图 6.121 所示。

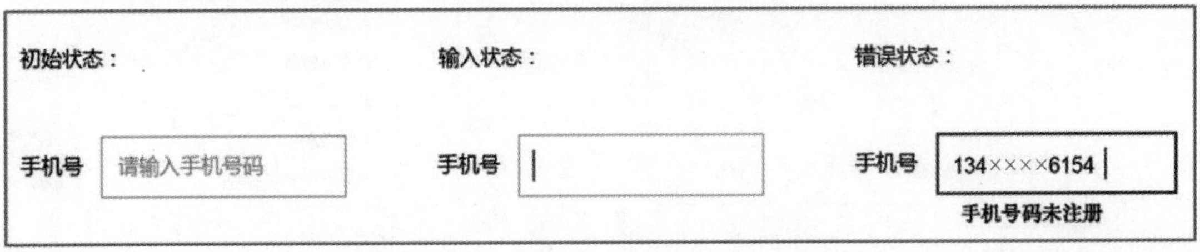

图 6.121 文本框不同交互状态示例

此外，还有一种特殊的文本框样式：密码框。对于密码状态的文本框，输入的文本会以黑色圆点或星号加密显示。

3. 下拉框

常用的下拉框样式有如下几种。

- 基础形态的下拉框。它包括一个右侧带有倒三角图标的文本框和下拉列表框，点击倒三角图标会弹出下拉列表，点击列表中的选项，选项就显示在文本框中。示例如图 6.122 所示。
- 当选项较为丰富时，竖向排列的列表过长不好寻找，可用矩阵式的数据排列方法进行优化设计。示例如图 6.123 所示。

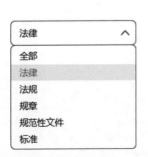

图 6.122 基础下拉框示例

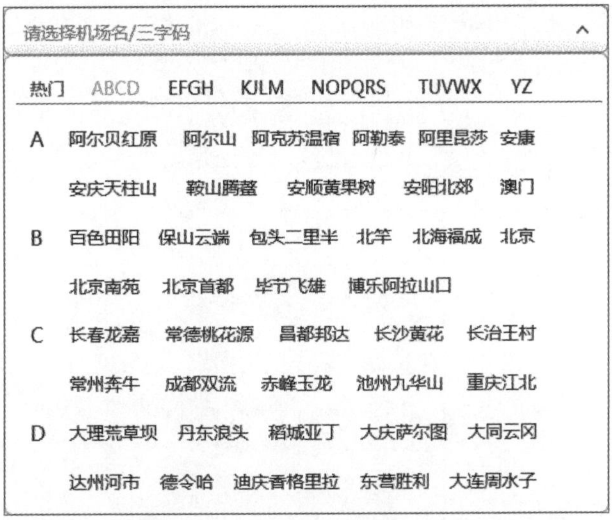

图 6.123 矩阵式数据下拉框示例

- 当选项为数字时，可在下拉框中用加减数字控件进行数字的选择。示例如图 6.124 所示。

- 复选下拉框。在基础形态的下拉框中，选项均带复选框，可进行多选操作。示例 如图 6.125 所示。

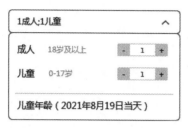

图 6.124　含数字控件的下拉框示例　　　　图 6.125　复选下拉框示例

- 带搜索的下拉框。这种下拉框支持输入功能，输入后在下拉列表中搜索出相关结 果供用户选择。示例如图 6.126 所示。

- 日历下拉框。包含文本框和日期按钮，点击按钮后弹出日期选择控件，常见的两 种分别为单月日期控件和双月日期控件。示例如图 6.127 和图 6.128 所示。

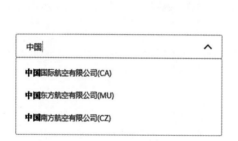

图 6.126　带搜索的下拉框示例　　　　图 6.127　单月日期控件示例

图 6.128　双月日期控件示例

4. 树状结构

树状结构控件用于管理文件夹，使用最左侧的加号或右侧的展开箭头图标控制文件夹的闭合和展开。文件夹闭合时，条目左侧图标是一个"+"号，右侧展开箭头图标方向向下；点击条目，展开次级文件夹或文件，条目左侧图标变成"−"号，右侧展开箭头图标方向向上。箭头图标在没有下级菜单的情况下不显示。部分树状结构控件还会带有复选框，提供选择功能。下级的条目选择状态会影响上级条目的复选框状态。常见三种状态为全选择、部分选择、未选择。示例如图 6.129 所示。

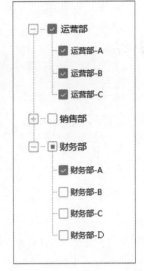

图 6.129　树状结构控件

5. 翻页、Tab、滚动条等其他控件

这类控件的状态和样式变化较少，这里就不详细进行说明了，在设计时遵循各系统设计指南即可。

6.5　PC 客户端软件交互设计方法

6.5.1　PC 客户端软件交互特性

PC 客户端软件较其他系统平台下的软件来说，拥有最为悠久的历史，同时也是更新比较缓慢的一类产品，它们往往需要在操作系统的框架限定内，进行组件布局和流程设计。其软件交互特性有如下几点。

（1）软件架构组成较为固定。PC 客户端软件主要由一个个的窗口构成，每个窗口的主要组成部分包括工具栏、菜单、主内容区、辅助操作区等。

（2）与网页端元素的通用性。PC 客户端软件的按钮、弹出框、提示、文本框、下拉框、树状结构、滚动条等基本元素及控件的交互形态，现在已基本和网页端一致或类似。具体设计方法或要求可参考 6.4 节 PC Web 端交互设计方法中的相关讲述。

（3）消息通知方式。PC 客户端软件通过右下角弹窗方式进行通知提醒。

（4）快捷键。很多 PC 客户端软件用于工作、商务，所以对一些高频操作，需要设定快捷键，以提高工作效率。

（5）任务栏右键菜单。可为 PC 客户端软件设计桌面右下角任务栏中图标的右键点击菜单，菜单以文本为主，可以结合图标进行复合的功能展现。示例如图 6.130 所示。

图 6.130　QQ 电脑管家任务栏右键菜单

（6）在对桌面的占用率方面，PC客户端软件分为独占软件和暂态软件两类。这两种客户端软件的设计方法比较不同，下面分两小节中进行讲述。

6.5.2 独占软件设计方法

独占软件多为办公、创作等生产力工具，如Office办公软件系列、Photoshop设计软件系列等。这些软件工具的功能多，分栏和分区也较多，所以更适宜全屏沉浸式的使用方式。其主要设计方法如下。

1. 独占软件的常见页面信息架构

独占软件的常见页面信息架构布局包括顶部的工具栏、中央的主内容区和辅助操作区。其中顶部工具过多时可以用Tab导航进行分组甚至自定义。主内容区可以是创作区域，也可以是信息展示区域，其中使用鼠标右键弹出的快捷菜单也是重要的命令操作通道。辅助操作区可以单侧存在，也可以两侧同时存在，甚至在底部存在。示例如图6.131所示。

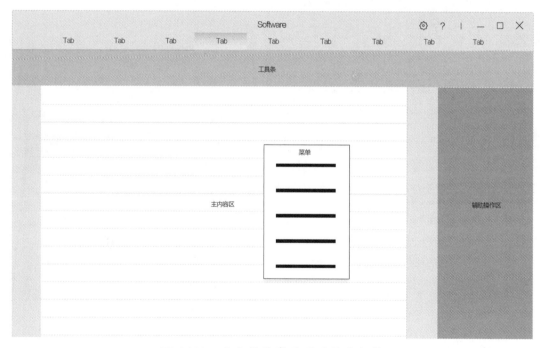

图 6.131　独占软件常见页面信息架构

2. 软件窗体的缩放设计

首先需要为软件定义一个标准尺寸窗体，然后基于此标准尺寸进行软件界面常规的信息架构设计。在完成常规尺寸布局设计后，还需要设计窗体缩放后的布局适配，尤其是窗体缩小后，需要规定部分不常用功能和控件在窗体逐渐缩小的情况下依次收起，直至达到最小化窗体状态；然后在放大窗体后，各功能和控件再依次展开。图6.132～图6.134为PowerPoint软件的缩放情况。

图 6.132　PowerPoint 原始窗体

　　　　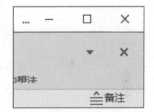

图 6.133　PowerPoint 部分缩小后的窗体　图 6.134　PowerPoint 完全缩小后的窗体

3. 导航设计

对于信息展示类的软件产品，如金融资讯软件等，可以通过 Tab 导航结构进行各模块之间的切换。可以用点击内容热区打开新窗体的形式展示信息详情内容。

4. 工具栏设计

做工具栏设计时的要求如下。

- 将常用功能按不同分类设计至不同类型的工具栏内；
- 在一个工具栏中按照功能子类别进行分区布局；
- 在一个工具栏中按照功能的使用频率进行排序；
- 当工具栏摆放区域不足时，需要将不常用功能收起到工具栏的展开箭头内；当需要使用这些功能时，要点击箭头后在工具栏扩展区域显示出来。

5. 菜单设计

设计师需要为软件中的主要可操作元素设计鼠标右键快捷菜单，菜单中的操作命令为处理这些元素的常见操作命令。当菜单命令过多时，需要对菜单中同类型的操作命令进行矩阵形式的归纳设计或子菜单形式的归纳设计。

6. 辅助操作区设计

辅助操作区可以放置于主内容区的左侧、右侧和下侧，对主内容区的操作起辅助作用。辅助操作区可以设计主内容导航、主内容区选中元素的属性设置、信息注释等操作功能。如图 6.135 所示，PowerPoint 软件的左侧栏为内容导航，右侧栏为背景功能的设置，底栏则为页面的注释区域。

图 6.135　PowerPoint 辅助操作区设计

6.5.3　暂态软件设计方法

暂态软件的特性是在需要时被暂时调用，完成自身任务后又迅速离开，让用户继续之前的工作，如音乐类软件、安全助手类软件等。其主要设计方法如下。

1. 暂态软件的信息架构特点

此类软件架构自由度较高，没有一个特别标准的信息架构进行归纳。小到一个工具条，中到一款聊天窗口为主的聊天工具，大到音乐平台，都属于这种类型的软件。

2. 图形化设计

由于使用时间少，所以这种软件的用色更醒目，功能的图形化特性更强烈，内容设计中包含更多高质量的 Banner、图片、图表等极具吸引力的元素。

3. 导航设计

大多数具有多项主功能的暂态软件采用 Tab 导航切换的方式进行主要功能的设计，示例如图 6.136 所示。

图 6.136　暂态软件导航设计示例

6.6　PAD 端 App 交互设计方法

6.6.1　PAD 端 App 交互设计发展趋势

PAD 端 App 的交互设计近年呈现如下几个发展趋势。

（1）随着手机分辨率的增大，一部分产品不直接为 PAD 专门进行 App 设计，而是使用手机应用进行 PAD 端应用的适配。

（2）另外部分产品的 PAD 端应用 App 则采用了类似 PC Web 端的信息架构布局，如视频类产品等。

（3）B 端的产品比例逐渐增多，设计师在做 PAD 应用设计时应重点关注数据展示设计。

PAD 端 App 项目主要交互设计工作有以下几点。

- 遵循各 PAD 端的人机交互设计指南。
- 重点设计核心界面的信息架构。
- 完善核心界面上的控件设计。
- 完成各功能交互流程设计。

6.6.2　PAD 端 App 主界面架构设计方法

1. 横屏结构 App 设计

横屏应用常见为两栏和三栏信息架构。

（1）横屏两栏式信息架构。左侧边栏为一级菜单图标，右侧区域为主要内容区域，其中内容区域顶部可依据产品复杂度设计二级导航。示例如图 6.137 所示。

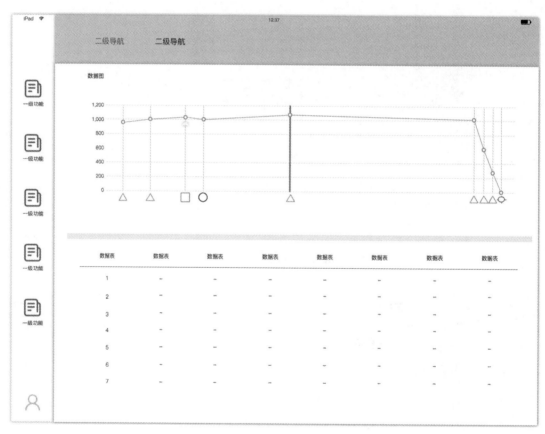

图 6.137　横屏两栏式信息架构示例

（2）横屏三栏式信息架构。左侧边栏为一级菜单图标，中间栏为搜索筛选条件或二级菜单，右侧为主要内容区域，其中内容区域顶部可依据产品复杂度设计三级导航。示例如图 6.138 所示。

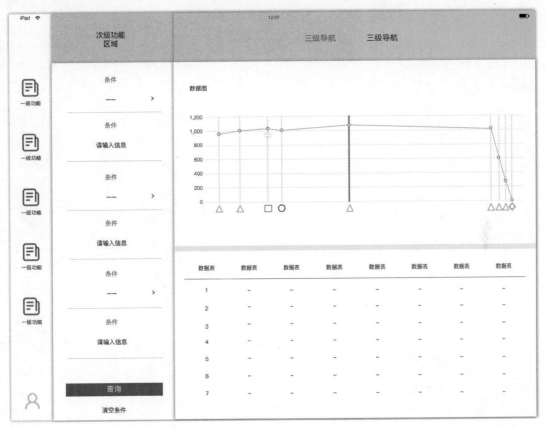

图 6.138　横屏三栏式信息架构示例

2. 竖屏结构 App 设计

竖屏以两栏式信息架构居多，架构方式同横屏两栏式架构。示例如图 6.139 所示。

由于宽度有限，横屏的三栏架构旋转到竖屏时，中间栏往往做收起设计或信息简化设计。例如，之前的横屏三栏架构示例图，旋转到竖屏后，搜索条件收起变为弹出框，如图 6.140 所示。

当然在各部分信息并不复杂的情况下，也有竖屏三栏信息架构的设计方式，如图 6.141 所示。

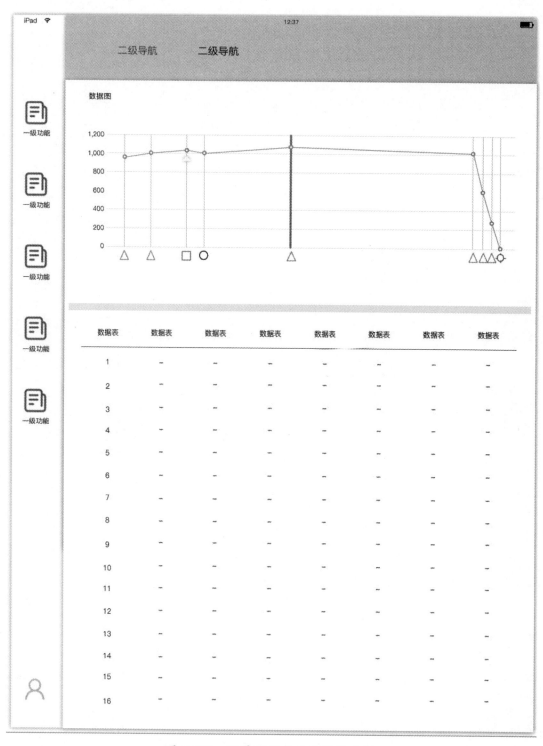

图 6.139　竖屏两栏式信息架构示例

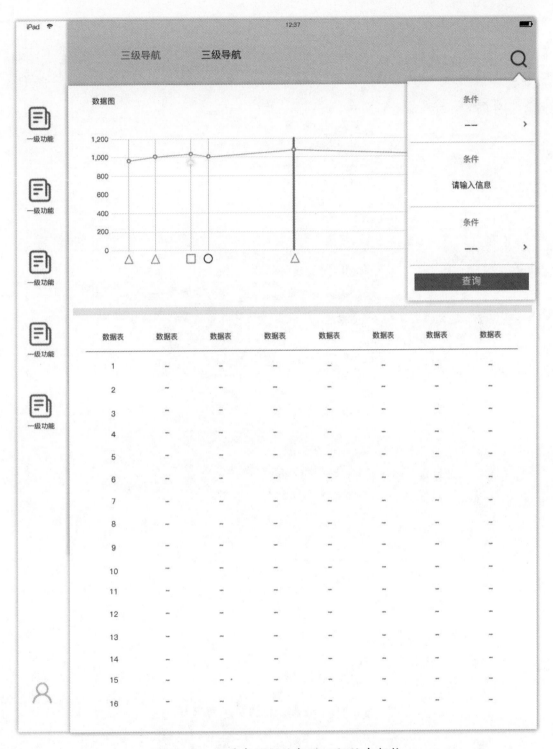

图 6.140　竖屏中间栏收起的三栏信息架构

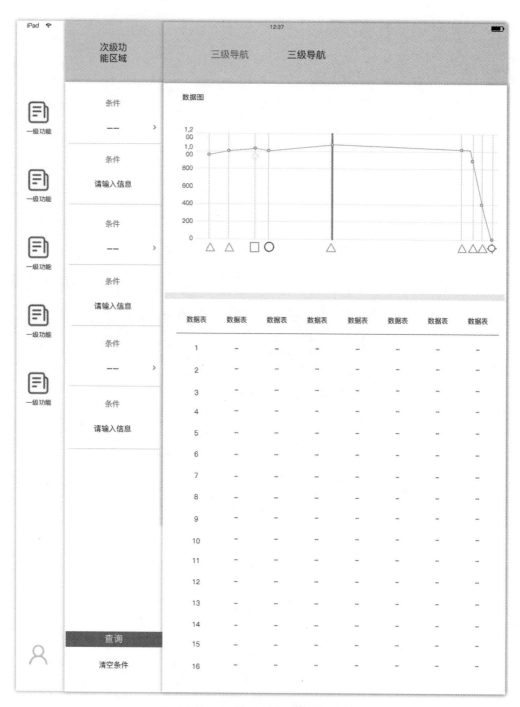

图 6.141　竖屏三栏信息架构示例

6.6.3　PAD 端 App 控件设计方法

PAD 端 App 的控件分为两种。

（1）全局控件，如弹出提示框等，这种控件一般在屏幕中央出现。示例如图 6.142 所示。

（2）局部控件，如搜索选项、城市选择、日历选择等，这些控件大多会在图标所属位置弹出。示例如图 6.143 所示。

图 6.142　全局控件示例

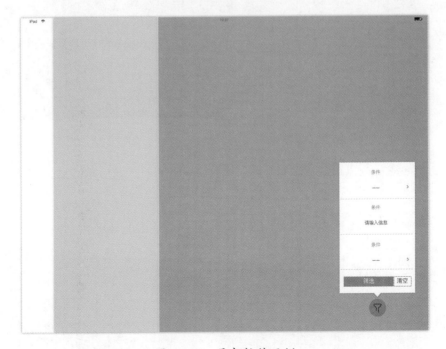

图 6.143　局部控件示例

6.6.4　PAD 端 App 子页面设计方法

子页面是指点击核心页面元素后弹出的页面，其交互方式主要有两种。

（1）半覆盖式。子页面占据整体页面的一半到三分之二，从屏幕右侧向左滑出，覆盖在主页面上方。可以通过滑动子页面左边缘或点击子页面左上角的返回按钮收起。这种设计方式符合 PAD 减少全屏切换的设计指南要求。示例如图 6.144 所示。

图 6.144　半覆盖式子页面结构示例

（2）全屏幕式。子页面覆盖全部界面，通过返回按钮回到主页面。

6.7　车载系统交互设计方法

6.7.1　车载系统交互设计发展趋势

近年的车载系统交互设计的发展呈现以下趋势。

（1）屏幕增多，实体按键逐渐减少，很多车系中的实体键甚至完全消失。除了传统的中控屏幕，仪表盘、后座屏幕、后视镜、方向盘，甚至车钥匙都逐渐屏幕化。也就是说，车中可显示信息或操控的部件和设备都有了屏幕化的可能。这也是交互设计师进行未来车载系统设计的重点之一。

（2）多屏互动增多。手机、平板电脑与车载中控屏幕间的功能信息交互行为逐渐增多。除了简单的界面投射，播放音乐、远程启动、车辆参数监控等功能是多屏互动频率较高的功能。

（3）屏幕增大。随着 Tesla Model S 的 17 英寸中控屏面世，车载屏幕的尺寸呈现逐渐变大的趋势。屏幕变大之后，不同功能模块的布局设计也是人机学研究和设计的重点。

（4）功能与服务逐渐精简。车载系统的功能近年并没有增多，反而呈现精简、深化的趋势，一些车载无用的功能，如短信、图片被弱化甚至取消。而导航、车辆信息等功能却随着车辆传感数据源的增多及互联网大数据的广泛使用，被逐渐细化和强化。

（5）辅助驾驶及自动驾驶的逐渐成熟。辅助驾驶及自动驾驶的逐渐成熟开始慢慢影响驾驶员的驾驶行为习惯，主要体现在操作逐渐减少，信息阅读量增加，认知负担加重。这要求设计师着重考虑车载系统数据显示的可理解性、清晰度与合理的逻辑关系。

6.7.2 中控系统设计方法

1. 操作直观性设计

为了避免驾驶员长时间操作导致分心，功能布局设计层级要浅。在大屏幕投入使用的情况下，用户可以接收较多的信息区块和操作按钮布局在界面中，减少隐藏功能，让用户在较短时间内找到目标信息或控制命令。

此外，对于大尺寸的中控屏幕进行全屏幕单一功能设计是对屏幕空间的浪费。设计师需要考虑如何在屏幕中依据驾驶或中控系统使用情景进行多功能模块的分区域信息架构设计。

如图 6.145 所示为 Tesla Model 3 的中控系统首页，主要分为三个信息区块：左侧的行驶状态、右侧的导航或多媒体，以及下方的车内控制，各个信息区块的主要功能操作按钮也都直接布局在界面上。

2. 右手单手操作设计

由于驾驶场景的特殊性，国内驾驶员只能用右手去操作中控系统，所以在进行界面信息架构设计时，常用的操作按钮和交互元素尽量不要设计在右上角区域。如图 6.146 所示为操控区域的难易程度分布图，浅色代表更易于操控的区域。

3. 多通道交互设计

手势操作和语音控制可以减轻精确点击所带来的用户的视觉注意力分散，用户无须注视屏幕，只需在屏幕上滑动或发布语音命令即可完成操作，这种操作可提高驾驶员的安全系数。对于系统中的一些常用功能，设计师可用多通道交互操作方式进行设计。

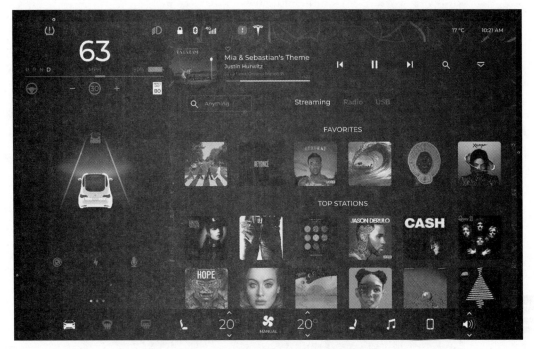

图 6.145　Tesla Model 3 中控系统首页

图 6.146　操控区域的难易程度分布图

4. 白天 / 夜间模式

车载中控系统需要进行浅色、深色两套色系的界面设计，这可以让用户在白天清晰浏览界面，在夜晚也不会因为高亮度而影响注意力。在交互设计的阶段，设计师也应当考虑信息布局对两套色系的适用性。

5. 清晰的操作反馈

驾驶中的车内环境可能比较嘈杂或存在多种信息干扰，所以需要更清晰的信息反馈提醒用户执行某些操作或某些操作已完成。我们可以用声音或动画的方式进行操作反馈设计。

6.7.3　其他系统设计方法

就功能复杂度来说，目前最复杂的仍然是中控屏幕。对于其他车载系统，后座屏幕更接近平板电脑的设计方式。仪表盘、后视镜等屏幕以信息展示设计为重点。车钥匙等小型屏幕更类似智能手表的设计方式。

6.8　智能电视界面交互设计方法

6.8.1　遥控器控制的智能电视界面交互设计方法

1. 信息架构设计

当前智能电视界面交互设计的信息架构方式主要有以下两种。

（1）分栏式架构。这种架构方式充分利用遥控器的四方向键进行导航，减少子级页面切换，可以让用户在几个主要栏目中尽量多地浏览信息，快速定位目标。示例如图 6.147 所示。

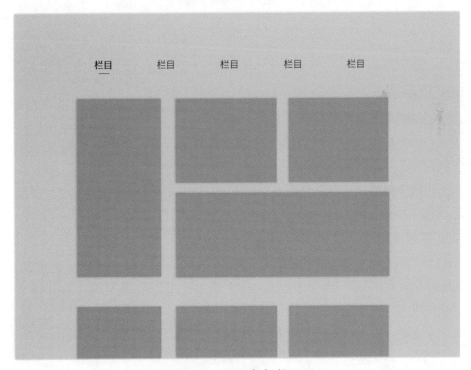

图 6.147　分栏式架构示例

（2）区块式架构。这种架构方式更易于理解，但层级较深。每个栏目的内容需要点击进入新页面方可查看，栏目间的切换会稍显麻烦。这种架构方式更适合内容少或内容更垂直的产品。示例如图 6.148 所示。

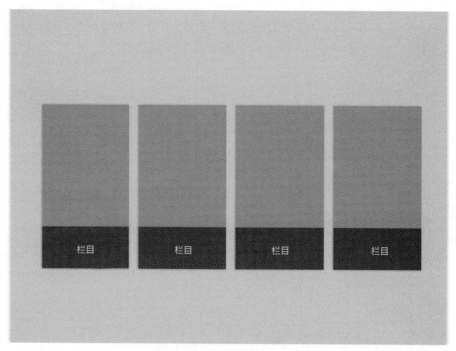

图 6.148　区块式架构示例

2. 内容设计

电视界面的内容设计需要遵循以下几点。

（1）为了增强信息的吸引力，信息区块设计需要突出图形、图像，弱化文字。

（2）电视是一个动态阅读的渠道，应减少甚至避免大篇幅的文字出现。

（3）为了减少操作，让用户更快地找到所求，同时结合电视的大屏特性，应当在页面主要显示内容以外设置相关内容或联想内容。示例如图 6.149 所示。

3. 选择聚焦设计

对选择聚焦的设计有如下几种方式。

（1）选中变大，多用于卡片，也可为选中卡片增加动效等视觉效果，如图 6.150 所示。

（2）选中发光，多用于文字。

（3）选中变色，多用于按钮或菜单，如图 6.151 所示。

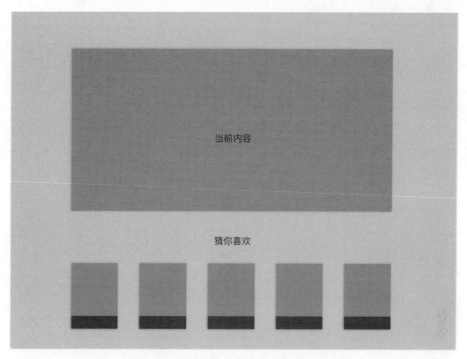

图 6.149 主内容＋联想内容架构示例

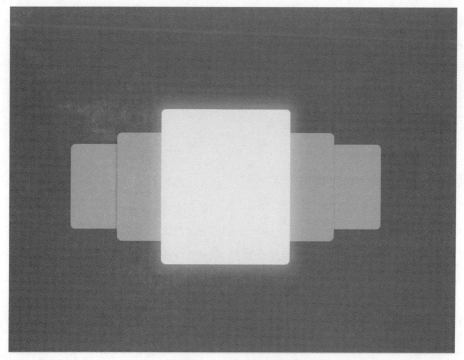

图 6.150 卡片选中效果示例

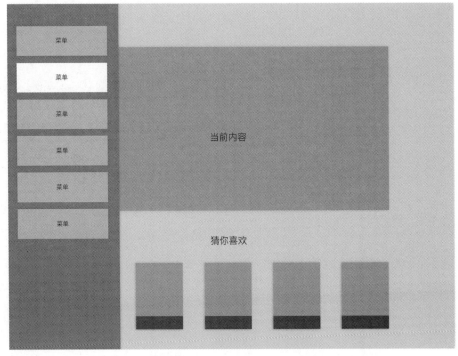

图 6.151　按钮选中效果示例

4. 文本输入设计

（1）对于仅需要输入数字的输入框情况，应调取矩阵型数字输入布局。

（2）对于中英文输入需要调取全键盘输入布局，由于只能应用方向键进行按键选择，操作不便，应尽量减少输入中英文的情况，或使用语音进行输入。

6.8.2　智能电视的交互控制方式

1. 遥控器控制方式

现在的主流智能电视都是基于遥控器控制进行界面设计的。用户在操作电视时视觉焦点都在屏幕上，遥控器的操作应尽量简单，最好让用户通过方向键、OK 键和返回键就能够进行全部操作，避免用户低头看遥控器寻找按键而打断操作的情况。部分遥控器用触摸板代替方向键，从而可以通过滑动触摸板模拟鼠标进行控制操作。

2. 语音控制方式

由于命令简单，呈现信息直接，操作流程短，智能电视端是非常适合进行语音控制的系统平台。而且电视标配音响系统，音量是默认开启的，所以也很适合使用声音作为帮助提示和操作反馈提示。

可以通过操作情景设计，设定语音控制对话脚本和细节信息，采用语音控制节目播放或搜索等操作。具体的语音控制设计方法参见第七章。

3. 手势控制方式

以 Wii、Kinect 为代表的手势交互控制方式也可以进行智能电视的交互控制，其操作方式以不同手势驻留一段时间后完成确认为基础。设计师需要在界面中设计上下或左右切换按钮，以实现手势对电视的控制。

4. 眼动控制方式

眼动控制和手势控制类似，优点在于控制的自然性，缺陷在于识别的精确性。随着技术的进步，手势控制和眼动控制也将成为大屏幕显示终端的重要控制方式。

6.9 VR 系统交互设计方法

6.9.1 VR 系统菜单设计方法

当用户戴上 VR 设备，在眼睛的正前方会出现一个注视点，它会跟随用户头部同步移动，相当于用户有了一个在屏幕上的鼠标点。当注视点停留在某个可点击区域时，会出现倒计时提示，二三秒钟过后，则激发点击操作。某些 VR 设备可以用遥控器等设备辅助，减少倒计时时间，直接进行确认。

为了避免用户误操作，降低用户头部运动角度，增加舒适性，菜单设计应做到以下几点。

- 拥有足够大的面积，便于注视对焦。
- 不将菜单设计在边角上，避免头部运动角度过大给用户带来不适。
- 菜单和控制操作可支持语音控制。详细设计方式参见第七章。

6.9.2 VR 系统界面信息架构设计方法

VR 系统界面信息架构设计应当建立三维场景，常用的三维软件有 Cinema 4D、Unity 等。交互设计师可在三维软件中对界面场景进行基本布局，需要将可操作元素置于明显位置。

在三维界面中弹出的信息窗或 Widget，如天气、时钟、相册等又具有 2D 属性。这些信息窗和控件可参照二维视觉系统的设计方法进行设计。

6.10 跨平台产品交互设计方法

在一些复杂系统的设计项目中，设计师会遇到跨平台的交互设计工作，如某个项目需要在 PC Web 端和移动端开发应用，因此交互设计师需要储备跨平台设计的方法和技能，以支持此类型项目的交互设计工作。

6.10.1 适配型跨平台产品交互设计方法

适配型跨平台产品是指要设计的产品在各平台上功能一致，设计师需要根据不同平台的屏幕特性和系统交互方式进行适配设计。这种类型的跨平台应用设计主要存在于 PC Web 和手机 Web/App 的跨平台设计中。此类设计的主要方法如下。

1. 页面架构的跨平台设计方法

（1）菜单的跨平台设计方法。PC Web 端的一级菜单一般显示在顶部或侧边。在做手机端的菜单设计适配时，由于移动端屏幕宽度较窄，往往把菜单收起为菜单按钮。示例如图 6.152 所示。

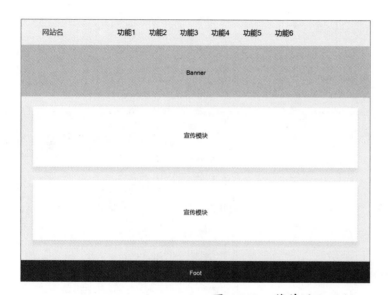

图 6.152　菜单适配示例

（2）图片的跨平台设计方法。对于 PC Web 端的阵列图片，在做手机端设计时，可以减少图片列数量，形成一列或两列图片布局。示例如图 6.153 所示。

（3）表单的跨平台设计方法。PC Web 端的阵列表单可调整为手机端的单列表单模式。示例如图 6.154 所示。

（4）表格、文本、标题的跨平台设计方法。随着表格、文本和标题在手机端页面中显示宽度的缩小，设计师大多采取折行的形式进行设计。

（5）列表（List）的跨平台设计方法。对于 PC Web 端信息丰富的列表来说，在手机端设计时可以缩减部分不重要的列表属性，只保留最重要的部分信息。示例如图 6.155 所示。

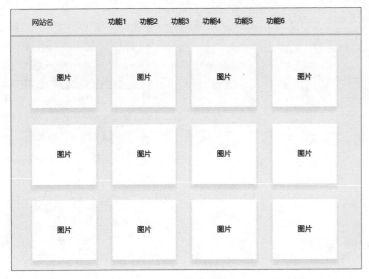

图 6.153　图片适配示例

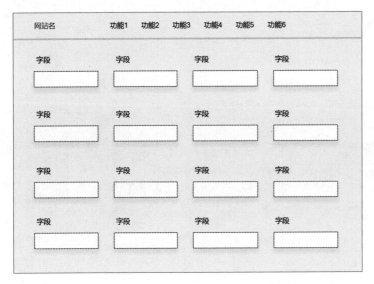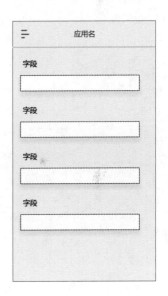

图 6.154　表单适配示例

（6）页码的跨平台设计方法。PC Web 端的列表页码可以展开显示，而手机端则可以用自动加载的方式或点击"上一页"/"下一页"按钮来进行翻页。示例如图 6.156 所示。

2. 交互流程的跨平台设计方法

对于 PC Web 端等有足够空间呈现丰富信息的平台来说，设计师需要做的重点是做好页面的信息架构，优化功能和信息布局，减少过长的操作流程和跳转。

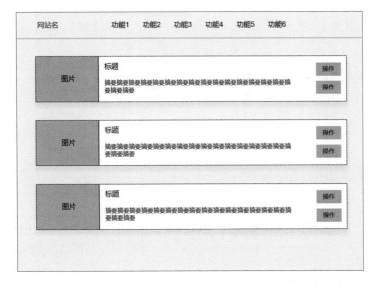

图 6.155 列表适配示例

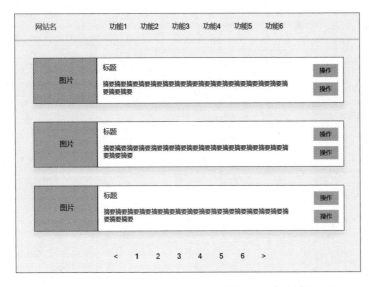
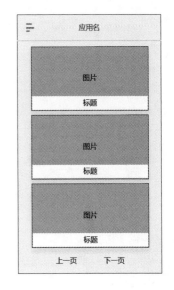

图 6.156 页码适配示例

而对于手机 Web 或手机 App 等小屏幕产品来说，界面信息承载能力有限，对于一些非主要的附属功能就需要进行收纳设计。我们可以在页面上设置访问入口，但这不可避免地会造成交互流程的增加、交互逻辑的复杂度增加。例如，筛选数据项模块，在 PC Web 端中，主要的筛选项是直接展开的，方便用户直接选择。对于手机应用来说，则需要将筛选内容设计为一个页面，通过点击"筛选"按钮进行访问。示例如图 6.157 所示。

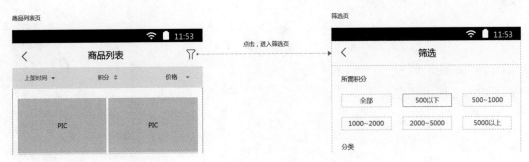

图 6.157　手机端筛选模块交互流程设计

6.10.2　互补型跨平台产品交互设计方法

互补型跨平台产品是指各平台中的产品承载功能不同，互为补充，共同配合完成应用目标。各平台系统的特性如下。

- 便携智能设备可以最实时、方便地查看产品推送的最重要的通知或状态。
- 手机应用可以实时完成信息采集和信息浏览。
- PC Web 或 PAD 应用可以方便查看大量数据的表格和图表。
- PC 本地软件适合进行大运算量功能的运行，如渲染。
- VR 应用适合真实场景的模拟。

在互补型跨平台产品的交互设计中，应当充分利用不同平台的特性进行功能的分配和细节设计。各平台具体设计方法可以参见本章其他小节中的讲述。

第七章

语音系统交互设计

通过智能语音进行交互的设备正在逐渐引领新的设计潮流，这些新的智能设备包括 VR、AR 可穿戴设备，便携式扬声器，家用音响，内部通话装置（如对讲机），智能家居，智能家电，车载设备，PC，智能电视 / 机顶盒等。

对于语音的交互研究及设计，也逐渐地更加科学合理，并形成一套体系。本章主要介绍语音系统交互设计及与语音系统交互配合的视觉界面设计。

7.1 语音交互背景技术

7.1.1 自动语音识别技术

自动语音识别技术（ASR, Automated Speech Recognition）处理的主要问题如下。

（1）语音识别的准确率。

（2）打断的处理。

（3）语音端点检测：计算机如何判定用户何时开始或结束说话。

（4）超时处理：判断用户什么时候停止说话。

- 无语音超时：用于系统未检测到语音的情况。

- 言语过多超时：用户说话时间过长，且未能触发语音终止超时的停顿。

- 语音终止超时：系统检测到用户说话时暂停的时间超过了限定时长（语音终止超

时时间），从而判定为用户停止了说话。语音终止超时时间是指在系统判定用户说完之前，用户说话时可暂停的时间长度。（无语音超时时间、言语过多超时时间的定义以此类推。）

7.1.2　自然语言理解技术

自然语言理解技术（NLU, Natura-Language Understanding）处理的主要问题如下。

（1）如何回复不同类型的语音输入。

（2）如何消除歧义。

（3）如何处理否定。

（4）对话管理。

（5）情感分析和情绪检测。

7.2　语音交互界面（VUI）介绍

7.2.1　VUI

语音交互界面（VUI，Voice User Interface），是人类与计算机之间使用自然语言进行"对话"的桥梁，它集成了智能语音平台产品的主要交互界面。VUI 的优点如下。

- 自然。
- 速度。
- 释放双手。
- 直觉性。
- 同理心。

7.2.2　语音人机交互设计关键因素

只有了解了人类对话的原则、特点和用语习惯，才能更好地模拟这种对话，进而设计出自然、人性化的语音人机交互。设计好语音人机交互的关键因素如下。

1. 合作原则

有合作的对话才能够被理解。人们应该在当前对话场景下尽可能真实、清晰地进行对话，对对话中的信息保持高相关性和全面性。

2. 话轮转换

需要做到人机之间轮流说话。如果没有有效的轮换，可能出现人机同时说话的情况，造成内容不同步和语义难以被理解的情况。

3. 对话线索

对话中的上下文线索会围绕一条主线，把握对话中的线索可以帮我们更容易跟上对话意图。

通过制定关键词／关键短语来映射用户的意图，即让系统知道用户说出哪些关键词／关键短语就可触发相应的意图。

4. 表达方式的多样性

人会用不同词语和风格去描述同样的事情，这取决于他们自己的经验或情景语境。VUI 应当识别这些差异，并做到兼容。

5. 对话修正

任何对话中都会发生误解，VUI 需要能够基于对话流和自然交流原则去修正对话。

7.2.3　设计思考方向

（1）围绕对话"开始前""对话进行中""对话结束时"思考。

（2）围绕"用户表达""系统的回答""系统的提示"思考。

（3）围绕"用户完成任务的过程"思考。

（4）考虑对话被打断的特殊情况。

（5）以人类文化中沉淀出的对话原则和用语习惯为导向，处理好那些和"人与人之间的对话"不同的情况，以使"人机对话"更加人性化。

7.3　语音交互界面设计方法

7.3.1　情景设计

设计师需要调研产品的常用使用场景，写出场景故事，从中提取功能需求及内容需求。举例如下。

Amy 下周休年假，她准备出国度假，但是下班回家后她感到很累，躺在床上休息时，她喊系统帮忙订机票和酒店，系统为她推荐了"Travel Adviser"。

- Amy 告诉"Travel Adviser"自己有一周的时间，想去日本旅行，"Travel Adviser"为她推荐并介绍了很多好玩的地方。
- 在"Travel Adviser"的帮助下，Amy 安排好了这几天的行程，并制订好了路线。
- 在行程表中，"Travel Adviser"还帮 Amy 备注了各景点的重点体验项目、注意事项，去某个购物中心时要买或要看的商品，一路上的特色小吃等。
- "Travel Adviser"告诉 Amy，如果需要的话，它会在旅行过程中随时提醒 Amy 的备注内容。

- 最后，按照制订好的行程，"Travel Adviser"帮 Amy 订好了往返机票，以及一路上要下榻的酒店。

情景中的功能需求提取如下：

- 景点搜索；
- 旅行计划（行程表＋路线图＋备注＋提醒）；
- 订机票；
- 订酒店。

内容需求提取如下：

- 景点介绍。

7.3.2 语音系统的拟人化设计

1. 为什么要进行语音系统拟人化设计

人类天生就喜欢将其他事物"拟人化"，如在云朵中看到微笑的脸，挺拔的竹子被认为是有"气节"等。当人们面对数字语音时，会本能地根据其语音、言辞等，赋予其一定的性格和情感。

2. 拟人化设计思路

在设计过程中，设计师应首先考虑系统的"人格"。根据产品的特征为系统命名，设定合适的"人格"，再在"人格"的基础上，设计视觉形象、选择声音等。另外，产品图形视觉的设计风格和硬件的设计风格，也会影响用户对机器拟人化的认识。例如，Google Assistant 被定义为一个聪明、友好、礼貌、贴心，且会随着用户的"培养"而不断进化的个性化私人助理，其视觉形象如图 7.1 所示。

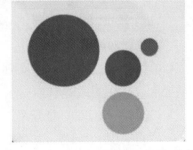

3. 使用拟人化的对话方式

- 时间维度。采用"首先""完成了三分之二""最后"等词语进行时间标记。
- 反馈维度。采用"谢谢""知道了""好的"等词语进行收听反馈。

图 7.1　Google Assistant 视觉形象

- 情感维度。采用"干得好""很高兴听到这个好消息"等词语进行鼓励、激励。

7.3.3 撰写对话脚本

1. 什么是对话脚本

对话脚本是用户和系统之间可能产生的交互的模拟。它看起来像电影或戏剧中的剧本，体现为用户和系统之间的对话，它的作用是：

- 能明确对话如何发展下去；

- 能帮助设计师发现没有考虑到的情况。

2. 对话脚本设计思路

- 用语要自然、简练，尤其要注意系统用语要符合系统的拟人化设定。

- 要重点突出系统如何帮助用户完成任务，进而实现其目标。

- 撰写对话脚本，是为了推导出所有可能的"对话流路径"（对话流路径全景图），因为在语音交互中用户可能会"说"什么，而不像在图形界面上用户可以"做"什么那样可控，设计师无法像在图形界面设计中那样，规划出明确的信息架构和页面流程图，因此需要以对话脚本为媒介，来推演出对话流路径全景图。

7.3.4 根据对话脚本扩展对话流

1. 设计要点

（1）应围绕用户完成任务的过程，推演出对话的各种可能性，完善对话。

（2）预测尽可能多的用户表达、选择合适的系统回复方式、自然的话轮转换、有效引导用户的"下一步"操作。

（3）依次找出完成任务的最优路径、最短路径、其他路径，以及未完成任务的异常情况，最后画出对话流路径全景图。

2. 如何唤醒系统

（1）制订唤醒词，要易于识别，且不易混淆，能让人很容易就说出口，最好不要选择常用词，以免误唤醒。

（2）给出明确的提示语，让用户知道什么时候开始，以及可以说些什么。

（3）必要时给出表达样例。

3. 多轮对话设计

（1）持续跟踪上下文，记住用户近期说过的话，思考用户接下来要做什么，给出明确的提示，不要使用反问句。

（2）问一个问题，把介绍放在开头，把问题放在最后。

（3）听用户的回答，如果在一定置信阈值内，系统可理解用户的话。

（4）用不同类型话语回复用户。

- 受限回复。对于一些明确的诉求或提问，可以进行受限回复，如"是的""不是""需要""不需要""对的""错的"。

- 开放对话。对于一些不能解决的问题，需要转人工或通过其他渠道为用户提供帮助。如用户描述完一段病情，系统说"谢谢你，我会把这些转告给医生的。"

- 情感表达，将用户的多种表达映射到某个分类做同样的理解，然后做出同样的回答，如用户表达：我感到难过 / 沮丧 / 不好 / 悲惨 ……（系统都理解为"悲伤"），系统回复："I am sorry to hear that"。

（5）对话管理。用户会以不同的方式、不同的顺序提供信息，因此，系统需要知道完成任务需要哪些信息，并在对话中进行收集。如成功订购披萨需要用户提供如下信息：披萨数量、尺寸、配料、地址、电话号码。

4. 完成对话流路径全景图

（1）找出完成任务的最优路径。最优路径是指一条用户顺利完成任务的"理想对话流"，符合人们的说话习惯，用户没有遇到困难，简单，自然。

（2）找出完成任务的最短路径。最短路径是指用户一次性提供了完成任务所需的全部信息。最短并不一定是最优，因为这可能需要说很长的句子，不符合人们的口语习惯。

（3）找出完成任务的其他常用路径。

（4）列出异常情况。

对话流路径全景图的示例如图 7.2 所示。

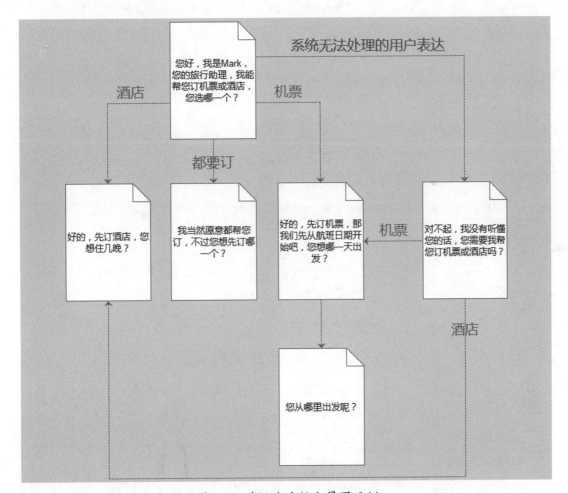

图 7.2　对话流路径全景图示例

7.3.5 视觉图形化辅助设计

1. 注意力系统设计

注意力系统用以向用户传达语音系统的注意力状态。一般注意力状态主要包括闲置、等待收听、倾听、思考、讲话。

语音系统的视觉辅助输出包括 LED 状态显示和屏幕状态显示。

- 针对 LED 模块，可以设计不同颜色、透明度、闪烁频率来表达不同的注意力状态，如图 7.3 所示。

	1 LED Display, Color	1 LED Display, Single Color
Listening and Active Listening	Cyan 100% opacity	100% opacity
Thinking	Cyan, blue alternating	Flashing on and off
Speaking	Cyan, blue pulsing	Pulsing
Microphones Off	Red 100% opacity	
Notification Arrives	One-time yellow burst	One-time burst
Notifications Queued	Slow yellow pulse	Slow pulse
System Error	Continually flashing	

图 7.3　亚马逊 Alexa 的 LED 注意力状态

- 针对屏幕模块，可以设计不同颜色、不同振幅的曲线、曲面或控件的动效，来表达不同的注意力状态。如图 7.4 所示，亚马逊 Alexa 的屏幕注意力状态显示在屏幕底部。

2. 视觉界面设计

通过屏幕上的人机界面，对语音系统的反馈过程和结果进行视觉化的表达，具体设计可参见信息架构设计及交互流程设计等章节。

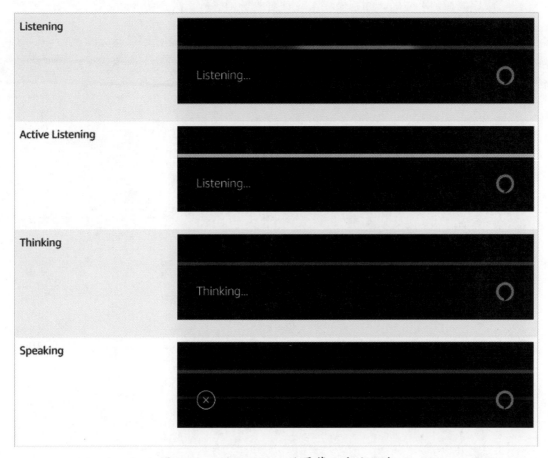

图 7.4 亚马逊 Alexa 的屏幕注意力状态

7.3.6 细节设计

1. 异常处理

- 未检测到语音，或没有识别出语音，应停止系统动作，把情况明确说出来，或是通过视觉系统进行提示。
- 语音被正确识别，但系统无法处理，这种情况只能由设计师将应答进行丰富化和完善化。

2. 处理敏感话题中的情绪问题

- 不要直接说出用户的情绪。
- 应该用情感和情绪分析来引导谈话。

3. 处理歧义

- 信息不全，用户只提供了执行命令所需的部分信息，而没有提供所有细节，应利用已知信息和上下文线索进行分析，或进行补充询问。

- 用户的指令不明确，回答模糊，应针对关键词进行二次强调询问。

- 信息过多时，应提示用户缩小范围。

4. 延迟处理

- 尽早知道延迟大约要花费多少时间，并明确告知用户。

第八章

交互设计质量控制工具

在交互设计工作中，设计师还应熟练运用以下工具提高工作效率，保证设计质量。

（1）通过可用性测试评估设计中的用户满意度等指标，进而评估设计是否符合用户模型。

（2）通过专家评审会的召开，从专家的角度寻求设计方案优化和改进的方向。

（3）通过多人协同设计，提高项目工程的工作效率；通过研讨会商定设计细节，确定设计方案。

8.1 可用性测试

8.1.1 可用性定义

从心理学角度看，可用性的基本含义是：软件的设计能够使用户把认知集中在自己的操作任务上，可以按照自己的行动过程进行，不必分心在寻找人机界面的菜单或理解软件结构、人机界面的结构与图标含义，不必考虑如何把自己的任务转换成计算机的输入方式和输入过程。

能达到以下目标，说明产品具有较好的可用性水平。

（1）用户不必记忆面向计算机硬件／软件的知识。

（2）用户不必为手的操作分心，操作动作简单重复。

（3）用户理解和操作出错较少。

（4）用户学习操作的时间较短。

（5）在非正常环境和情景下，用户仍然能够正常进行操作。

8.1.2 可用性指标

早期的 ISO9241—11 标准为软件可用性定义了三个基础指标。

（1）有效性。用户完成特定任务和达到特定目标时所具有的正确和完整程度。

（2）效率。用户完成任务的正确性和完整程度与所使用资源（如时间）之间的比率。

（3）满意度。用户在使用产品过程中所感受到的主观满意性和接受程度。

在实际项目中，设计师更多地使用用户模型对照测试数据，观察分析用户使用产品的各种行为和认知参数，最终得到针对用户模型的可用性数据。

8.1.3 常用可用性测试方法

1. 原型任务测试法

原型任务测试法是较为常用的可用性测试方法。在交互设计阶段，通过原型测试，可以快速地发现设计中的问题、产品中的新需求。

测试人员把用来评估的功能制作成可交互原型，把目标任务分配给用户后，由其进行原型操作以完成任务。测试人员观察并记录用户操作过程的时间、出错、尝试、求助、放弃等客观行为，分析当前交互方式的可用性问题。用户任务完成后，还可以补充其对任务的感受和满意度评价问卷作为辅助参考数据。最后通过访谈，选择合适的交互方式以给用户带来最佳操作体验，得到用户对任务的主观反馈和新需求。

具体可交互原型的制作方式参见 5.4 节。问卷和访谈调研技巧参见第二章。

因为原型制作快速，在发现问题并修改后，可以持续多轮可用性测试。在数轮测试之后可以逐渐将任务时间、出错情况等参数进行量化对比，评估产品可用性提升情况。

2. 有声思维测试法（Think Aloud）

有声思维测试法的目的是让用户在完成任务的同时，以自言自语的方式将他们脑中的想法说出来。这种边说边做任务的方式依赖于用户的短期记忆，能更真实地反映出用户当下的想法。用户的发言大多描述自己的行为流程而不是去解释自己的行为，这样能更好地深入测试流程。

测试员可以在这个过程中收集到充足的真实用户语料进行分析，这些语料可以直观分析出用户完成任务时的行为目的及心理感受。

但是，这种方法存在一个不足：在真实的任务操作中，人们很少会有这样边说边做的表现。因此，这会导致有一些不理解这种方法的用户在完成任务的过程中不能完全说出自己的想法，影响测试的效果。

为了让用户更有效地使用这种方法，在正式测试之前，测试人员往往会提供给用户若干练习任务场景，让用户选自己喜欢的任务场景去练习这种方法（一边做任务的同时一边说出自己的想法）。例如：

- "您想要装饰您的卧室，现在您想要在淘宝买一个价格不低于 100 元的红色窗帘，找到您想要的窗帘，然后把它的价格告诉我。"
- "您想要看小说《钢铁是怎样炼成的》，现在请您用百度搜索，找到小说 PDF 的下载资源。"
- "您最近想要看一部电影，现在请您用优酷网找到一部国内出品的评分最高的电影，最后把您找到的电影名称告诉我。"

在这三个练习任务的选择上，设计师考虑到了女性（第一个练习任务）、男性（第二个练习任务）和综合性的任务（第三个练习任务）。在用户做完练习任务之后，如果他们对这种方法还是不够理解，测试人员可以自己演示一遍，以加深用户的理解和认识。

8.1.4 可用性测试流程

在通常情况下，一个完善的可用性测试工程包含的主要流程如下。

（1）测试方法选择。详细讲述参见 8.1.3 节。

（2）实验设计。遵循用户模型的定义，设计的任务符合用户行为和认知，并包含全部的测试功能。

（3）原型设计。详细讲述参见 5.4 节。

（4）预备测试。在测试之前进行预备测试，完善实验设计，提高测试人员的工作熟练度。

（5）用户抽样。详细讲述参见 2.4 节。

（6）测试前访谈。详细讲述参见 2.1 节。

（7）任务测试。任务测试可以参照 2.5 节。

（8）相关问卷填写。详细讲述参见 2.1 节。

（9）数据收集整理。除指定的相关数据收集（如尝试数、出错数、完成时间等）之外，还需要做到用户原话的收集，避免理解上发生歧义。

（10）数据分析。详细讲述参见 8.15 节。

8.1.5 数据分析

可用性测试的主要数据分析包括以下内容。

（1）新需求。新需求主要在测试后访谈中得到。用户对测试功能的体验不够好时，会提出需要的产品形态、功能及产品细节。这些都可以作为原需求的补充，完善产品方案。

（2）可用性问题。可用性问题主要在测试中的观察及测试后的访谈中得到。在分析可用性问题时，设计师可以根据问题频率、用户反馈的态度及设计师的专业经验，分析可用性问题的重要程度。一般在测试中出现的可用性问题都是交互设计迭代的重要修改或补充内容。

（3）满意度。满意度数据主要通过测试后用户的任务评分量表得到。通过满意度数据设计师可以看到用户对产品功能及设计细节的满意程度，也可以用满意度评分变化作为迭代后的设计方案是否提升的评估标准之一。

（4）效率指标。效率指标主要是指任务完成的时间。时间在客观上反映了用户完成任务的流畅程度。效率指标也可以作为迭代后的设计方案是否提升的评估标准之一。

（5）设计分析。通过可用性问题、满意度、任务时间、尝试次数、失败情况等参数可以对产品交互设计进行综合分析，发现具体的设计问题，明确设计优化重点。

8.2　专家评审

8.2.1　专家评审的特点

（1）交互专家以启发性规则为指导，评定用户界面是否符合原则。

（2）交互专家以用户角色扮演的方式，模拟典型用户使用产品的情景，从中找出潜在的设计问题。

（3）参与评估的交互专家数量不固定。

（4）专家评审的成本相对较低，而且较为快捷，因此也被称为"经济评估法"。

8.2.2　评估原则

（1）一致性原则。同一事物和同类操作的表示用语和行为要保持一致。

（2）有预防用户出错的措施。关键操作有确认提示，普通操作有清晰的提示，增加操作的可逆性。

（3）认知负担。识别胜于回忆，提供必要的信息提示（可视、易取），减少记忆负担。信息量符合用户负担，对复杂操作进行分解，同类元素及功能布局保持一致便于用户记忆。

（4）针对特定用户群体的设计。为新手和专家设计定制化的操作方式，为专家用户设定快捷操作模式。

（5）易读性。减少无关信息，体现简洁美感。给用户明确的错误信息，并协助用户方便地从错误中恢复工作。使用通俗易懂的语言进行界面说明和描述。

（6）必要的帮助提示与说明文档。无须文档就能流畅应用当然更好，如需提供帮助，可采用图形化和简洁的说明文本相结合，便于用户理解。

（7）非正常情况。系统状态有反馈，等待时间要合适。

8.3 协同设计

在很多复杂项目中，交互设计都不是由一个交互设计师独立完成的。为了提高工作效率，保障设计质量，需要多人协同完成设计工作。

8.3.1 设计标准化

在多人协同交互设计之前，首先要完成设计标准化的工作。设计师需要提前定义好以下几方面。

（1）交互文档版式，包括页眉／页脚注释、界面在画布中的位置、说明文字位置等。

（2）交互流程设计标准，包括连线样例、界面触发样例、流程逻辑符号等。

（3）界面元素设计标准，包括界面名称样例、界面状态栏、界面宽度、字体、标题字号、正文字号、注释字号、导航样式、按钮样式、列表样式等。

8.3.2 协同工具

多人协同设计需要做到设计资料、素材、方案的共享，以及任务的实时分配和监督。

（1）在资料共享方面，局域网的共享硬盘，如小米路由器、苹果路由器等的共享硬盘容量大，访问速度快，私密性强，能方便地访问最新版本的设计文档及最完整的设计资料。

（2）可通过在线文档编辑工具，如腾讯文档、Google doc 等对需求文档、分析报告等文档或幻灯片进行编辑、注释和解答。

（3）可通过在线协同工具，如 Tower、Teambition 等对设计师的工作任务进行分配和检查。

8.3.3 设计讨论

设计师之间多做有效讨论才能产出优质的设计作品，下面几种情况下需要进行讨论。

（1）在创意设计出现卡顿、思路停滞时，可进行头脑风暴形式的思维发散讨论。

（2）某些设计细节出现多个方案无法决断时，可以讨论进行方案决策。

（3）在完成重点模块的架构设计后，需要进行设计方案演示，听取其他设计师的建议。

（4）在整体方案完成后，需要和视觉设计师一起共同讨论界面交互信息架构对视觉的影响，并进行合理调整。

（5）设计师需要不定期进行设计分享，将心得体会和一些业内优秀案例分享给团队，形成长期的设计讨论氛围。

参考文献

[1] 李乐山 . 符号学与设计 . 西安：西安交通大学出版社，2015.

[2] Steven Heim. 和谐界面：交互设计基础 . 李学庆，等译 . 北京：电子工业出版社，2008.

[3] 李乐山 . 设计与美学 . 北京：中国水利水电出版社，2015.

[4] Andy Polaine, Lavrans Lovlie, Ben Reason. 服务设计与创新实践 . 王国胜，张盈盈，付美平，等译 . 北京：清华大学出版社，2015.

[5] 徐恒醇 . 设计符号学 . 北京：清华大学出版社，2008.

[6] 皮亚杰 . 结构主义 . 倪连生译 . 北京：商务印书馆，1986.

[7] 李乐山 . 工业设计心理学 . 北京：高等教育出版社，2004.

[8] Harvey Richard Schiffman. 感觉与知觉 . 李乐山，等译 . 西安：西安交通大学出版社，2014.

[9] Donald A. Norman. The Design of Everyday Things. The MIT Press，2013.

[10] Louis Rosenfeld, Peter Morville, Jorge Arango. Information Architecture. 南京：东南大学出版社，2017.

[11] 李乐山 . 设计调查 . 北京：中国建筑工业出版社，2007.

[12] 李乐山 . 人机界面设计 . 上海：科学出版社，2004.

[13] 王孝玲 . 教育统计学 . 上海：华东师范大学出版社，2007.

[14] Martin Lindstrom. 痛点 . 陈亚萍译 . 北京：中信出版集团，2018.

[15] Cathy Pearl. Designing Voice User Interfaces: Principles of Conversational Experiences. 王一行译，北京：电子工业出版社，2018.

[16] 杨旺功，赵荣娇 . 构建跨平台 App 响应式 UI 设计入门 . 北京：清华大学出版社，2016.

[17] 大卫 . 贝昂尼 . 交互式系统设计 . 孙正兴，等译 . 北京：机械工业出版社，2016.

[18] Giles Colborne. 简约至上：交互式设计四策略 . 李松峰，秦绪文译 . 北京：人民邮电出版社，2011.